ORIGINAL POINT PSYCHOLOGY 沉心理

孤独之书

冰千里 —— 著

华龄出版社
HUALING PRESS

图书在版编目（CIP）数据

孤独之书 / 冰千里著 . -- 北京 : 华龄出版社，
2022.12

ISBN 978-7-5169-2426-6

Ⅰ . ①孤… Ⅱ . ①冰… Ⅲ . ①情绪—自我控制—通俗
读物 Ⅳ . ① B842.6-49

中国版本图书馆 CIP 数据核字 (2022) 第 239902 号

策划编辑	颉腾文化		
责任编辑	鲁秀敏	**责任印制**	李末圻

书 名	孤独之书	作 者	冰千里
出 版 发 行	华龄出版社 HUALING PRESS		
社 址	北京市东城区安定门外大街甲 57 号	邮 编	100011
发 行	（010）58122255	传 真	（010）84049572
承 印	北京市荣盛彩色印刷有限公司		
版 次	2023 年 1 月第 1 版	印 次	2023 年 1 月第 1 次印刷
规 格	880mm×1230mm	开 本	1/32
印 张	10	字 数	208 千字
书 号	978-7-5169-2426-6		
定 价	59.00 元		

孤独与狂欢

01

"孤独感"——终于可以系统碰一下这个话题了。

四年前，我有机会写部作品，当时满脑子都是"孤独"，甚至有模有样总结了十三种孤独，最终还是没能落笔，却写了更让我有感觉的另一部作品。

当时，我给了自己很多理由：

例如，"心灵书写"更适合当时心境；

例如，我怀疑写孤独会不会太矫情；

例如，我还不到 40 岁，怎么就孤独了；

例如，这要碰触些内心私密，不利于所谓的中立；

例如，我要有更多目的性和功利性，便于更好地发展事业，而"孤独"太"独"了，像一个无助的老人，失去了他的子女，那只会换来可怜的同情，以及诸多质疑；

......

如今看来，原因只有一点：我还不够勇敢。

我在用诸多形式逃离恐惧，恐惧的恰恰是"孤独"本身。

一切无所不尽其能的向外求索，以此换得现实的存在感，恰恰忽略了孤独本身，或者说不敢直面孤独。

当时潜意识的那个我不相信孤独是一个什么好东西，认为它只会带来忧伤，还有不可名状的抑郁，以及无所不在的虚空感。

02

或许你同我一样，像逃避瘟疫般逃避孤独，其方式往往就是"狂欢"。

意识到这一点时我还是懵懂的少年，那时我天天和关系一起纠缠，却感觉自己"失踪了"，翻译过来就是：没人可以真的理解我。

你大概也会有这感受，觉得无人可依、无人可懂，这就说明：你虽每天活在这个世上，却丢了一部分自己。

事实上，孤独从出生时就开始了。我们被造物主扔在这茫茫人世，什么选择都做不了，就被各种限定开启了生命之旅。如同死亡，我们终究消散殆尽般地绝对无力。

我想起一个案例：著名心理学家温尼科特在分析他的病人玛殊·汗时，后者就坐在身边，温尼科特却趴在地上到处寻找，并大声呼喊："玛殊·汗、玛殊·汗！你在哪里，你在哪里啊？"

这位被分析了多年的病人呆若木鸡，泪流满面。恰恰是那一刻，他醒了。

叫醒他的不是温尼科特，是他内在的那个孤独的孩子活了，而在此以前，那个孩子已"失踪"多年。

相似地，少年时代的我，为了逃避孤独，一方面让自己寻找僻静之所，一方面却开始了相反的"狂欢"：

我会去电子游戏厅，疯狂打《魂斗罗》《双截龙》，六毛钱半个钟头，昏天黑地，满脑子都是子弹飞；后来五毛钱一个币的《三国志》，我很容易就通全关，老板很不开心，周边却围绕着一群连声叫好的"粉丝"。

彼时的狂欢现在被称为"网络成瘾"，它让我暂时避开了孤独，尽管那时我并不知道什么是孤独，更不知道什么是成瘾。

再后来，狂欢继续变本加厉，人多的地方，就是我的江湖。

特别在聚会场合，我认为自己就是焦点和王者，引领话题逢场作戏游刃有余，不仅大声说笑觥筹交错，还会情不自禁站在桌子上手舞足蹈、放声歌唱，全然不顾邻桌鄙夷（羡慕）的眼神。

开始大家不习惯，但后来他们也会和我一起唱，一起跳。再后来，我去个洗手间，场合就一片死寂，直到我归来，世界再度复活。

那几年大家都知道，我是一个"疯子"：

一个特立独行的表演者，一个虚张声势的夸大者，一个让人又爱又恨的无厘头，一个永远高调的愤世青年。

而他们不知道的是每次曲终人散，我都会一次次徘徊在十字街头，会久久凝望星空，会站成一棵树，会怀疑这个世界的存在。幸运的话，我还会在空旷的街头吸溜一碗打卤面。

那时，我总会掉下眼泪。

刚才狂欢的一切，只不过是一个泡影，如果此刻那帮人有谁再过来打招呼，我定不认识。

是的，我就是这样用狂欢洗涤寂寞，再用愧疚贬低狂欢。很长一段日子，我无法接受自己，搞不清也不愿搞清楚，到底哪个我才是真正的我。

03

在没弄明白孤独的真谛之前，"寂寞"几乎就是它的代名词。

那些细小的、无孔不入的寂寞像密密麻麻的虫蚁，吸食你的血肉。你越挠，就越痒；你不挠，就越寂寞。

那种被世界遗弃的滋味，却让人不得不挠。毕竟，进化基因明确证实：人类是群居动物。

如果脱离了人类大本营，被抛弃感油然而生，寂寞就自然啃咬着你。

别的不论，当下孩子们的辅导班、兴趣班就是如此。

比一比谁的老师教得好，比一比谁的钢琴过了十级、谁的假期被填得更满——自然成了家长密切关注的话题。倘若有人胆敢一个兴趣班、补习班都不报，别人暂且不说，他自己就会被自动边缘化，同时被边缘的还有他的孩子。

不寂寞当然是假的。寂寞引发的瘙痒，很少有人不去挠一挠。"挠一挠"力度要大一点，动静也要大一点，以此来缓解寂寞的痒。

那"狂欢"就最适合不过了。

你会给孩子找更好的老师。找私教，找名师，给孩子报大家都追捧的兴趣班。至于孩子是否真有兴趣并不重要，重要的是你不那么"痒"了。倘若大家都传来阵阵"啧啧"声，最好再夹杂着点"你看人家那谁谁谁"——你居然发现痒的地方竟有如此"魅力"。

一切用力向外证明自己存在感的，都是狂欢。

如同曾经的我，十分珍惜每次聚会，人越多就越兴奋，甚至有些癫狂。因为那样大家就会关注我，为我欢呼。即便有人骂我傻缺，我也乐在其中，因为寂寞被狂欢隐藏的感觉太爽了。

以此证明：你看，我还存在呢，而且存在得多么灿烂啊。

唯有狂欢散去，寂寞重新占据心灵的时刻，我不再需要任何人，也不再需要这个世界。只需要深夜来一碗打卤面，而且最好是雨夜。

我想说的是，从接受自己的寂寞开始，便步入了孤独。

04

是的，重点在于你是否"接受"。

譬如至今我依然狂欢，依然分裂，依然有时像个疯子，有时平静如高原湖泊。

只是我不再打压狂欢，因为我开始接纳孤单。

慢慢地，那些曾与我狂欢的人不见了，抑或几年见一次，更多的则是一个人的狂欢。

我开始独自饮酒。

我以一周一次的频率（真像心理治疗的设置）出现在同一家火锅店最少三年了，至今还未发现同类人。周围都是人声鼎沸，不绝于耳，这成了我自斟自饮的背景。

出于某种心照不宣，不用过多言语，老板就端上同样的食材。大约1个钟头吃完后我离开，之后去没人的小胡同，围着每一棵树绕来绕去，直至深夜。

我还会一个人在工作室待一周、几周。

繁华就在外面，但与我无关。

你看到了，在人生这个阶段，狂欢与孤独融为一体，我正在适应没有这个世界的日子。

有人称为"整合"，因为我不再为狂欢买单。买单的意思就是自我谴责，我也不再为了缓解寂寞而苛求亲密（请注意是"苛求"），因为这对我研究的亲密关系似乎是一个悖论。

但我依然如此，并抛出截至目前我的论断：享受孤独那一刻，才是关系真正亲密的开始。

我也明白了一群人狂欢的本质：所有人都失踪了，唯有一个灵魂在孤独地呐喊。没人取笑你，也没人欣赏你，因为他们根本不存在。

05

这种写作发乎于心，信手拈来，就一定少了些条理。

你看了也许云里雾里不知所云，也许更懂自己的寂寞。我大可不在乎，我需要更贴近内心的写作。

那种"是什么、为什么、怎么办"式的写作只能遵从内心，想写就写，不想写就不写。我的字会更多一些真实、少一些迎合。

例如，下面我准备整理几条，目的是让很多不那么感性的人更容易理解什么是孤独，什么又是狂欢。

第一，"孤独"的本质是和自己的内心在一起。

第二，"寂寞"是孤独初级阶段的感受，像是"我需要关系，需要亲密，但不可得"。

第三，"狂欢"是一种防御机制、自我保护机制，属于"反向形成"。通俗理解就是：一个人有多孤单，他一定会找到某个渠道狂欢；反之，一个人有多狂欢，在你看不见的地方，就有多孤单。

第四，从排斥孤独到接受独孤，再到享受孤独的过程，就是"活出自我"的过程，也有人称之为"自由"。

以上四点，算是给我的感性做了个小小的理性总结。

06

接下来，我会一点一点向你展示各类孤独感，从亲密关系里的孤独到终极孤独。有个编辑朋友说"你是对的，写最有感觉的东西是种福气"，对这话我特别感动。

本想沉寂一年，像那些没有网络年代的作家们，孤独地写作，一个人码字。

后来还是决定写成一本书，基于两点：

第一，不想和你断了联系那么久。

我要证明自己还存在，证明我还是努力的、优秀的。同时也说明我并没到完全脱离关系阶段，我只是正在学习如何与孤独相处，并试图享受它。

你看，仅仅是这样的觉察，我就没那么自卑了，也不再那么狂妄地自恋。

第二，我就是一边孤独，一边想要让更多人看见我、喜欢我啊。

当初张爱玲、海明威他们没这条件，只能把稿件读给身边几个朋友听，而我们所处的时代尽管焦虑和碎片化，却有极大便利性，感谢这个时代。

关于孤独，可能会牵扯很多主题，如丧失、创伤、失去、性、爱情、婚姻、成长、死亡、无意义感等，否则便说不清楚。

落笔之处，我会跟随感觉，也会站在你的角度理解你的感觉，让我们相信感觉吧。这世界理性东西太多，然而，唯有感性才会碰到心灵深处。

自序

冰千里
2022 年 4 月 11 日写于工作室

01

人在什么时候最真实？我会毫不犹豫地回答：人在独处的时候最真实。

我们必须在心中保留一处小小的避世之所，它完全属于自己，丝毫不受打扰。在这里，可以找到真正的自由，远离尘嚣，回归孤独。

我简直不能想象，一个没有独处空间之人是如何活下来的。在我过去的人生中，寻觅一方现实的、独属于自己的净土，是我的生活底色：

童年的我，喜欢一个人爬到山顶看云朵，喜欢与小草、石头在一起，喜欢俯视故乡的小山村，这都让我有着莫名又相悖的感受：兴奋与平静。

少年的我，学校附近僻静的树林、野湖、公园、山坡是我常光顾的地方，走走停停、涂涂画画、晒晒太阳、胡思乱想、流流泪水，这些都是我最珍爱的独处时光，都让我恢复能量，再次进入关系。

成年的我，一定或租或买两套房子，一套是家，一套是"另一个家"。只有前者我会觉得不完整，或者说，我在世俗中是完整的，在心灵中却是匮乏的。

因为，只有彻底拥有独属于我一个人的"洞穴"时，我的精神之花才不会枯萎，我的思考才会闪光，才能拥抱内心。

如今，我的工作室就是我的另一个家。

它是一套距离地面 17 层的三居室，里面摆满了各种石头、木雕、铜器、玉件、植物、书籍以及其他藏品，还有一条 9 个月大的小黑狗、一只 8 年的老龟、6 条凤尾鱼。

重点是阳光，一年四季都会洒满房间，简直不能再好。

我不喜欢被人打扰，工作室也没有任何沙龙、会议、讲座。关上门，一切繁华与我无关，我会自然进入"一个人的社交"：视频咨询、写作、读书、睡觉、发呆、遐想、思考、做梦。

现实的独处空间象征着心灵的独处空间。很多时候，人们被外界填得太满，根本无法给内心腾一个地方。

我们被各种人际关系、工作关系、家庭关系塞满，也许只有睡眠才真正属于自己，甚至都不全是，诸多人与事依然会在梦里扰动，所以，现代人常被失眠困扰。

在黏稠的人际关系中，我们与内心越来越远，感受不到时光就老了，来不及沉思就倦了，等不及爱上就分手了。

终日奔波中，渐渐迷失了自我。

只有给自己一方"孤独的净土"，才有机会思考，有机会感受岁月流逝，有机会叩问内心、有机会审视关系，也才有机会找回自我。

如德·昆西所言：如果一个人不曾让孤独在他的人生中投下明暗交错的光影，就永远不可能打开智慧之门。

02

那么，我们为何不让自己孤独呢？因为恐惧！恐惧离开关系将无法生存，恐惧无人可依。

而探究这些恐惧，厘清关系导致的孤寂感，才会从本质上敢于享受孤独，拥有独处的能力。

这就是写作本作品的初衷：我要带你厘清关系里的伤害、丧失与别离，以及各种失望与无奈，我把这一切统称为关系里的孤独感。

例如身后无人的孤独、性的孤独、永失我爱的孤独、婚姻里的孤独、爱情中的孤独、无人理解的孤独等。

事实上，我对孤独的全部理解分为三种："关系里的孤独""心灵的孤独""终极孤独"。

"关系里的孤独"是每个人在世俗中必须要经历的，多半也是痛苦的，往往伴随着"求而不得""放而不下""爱而别离""无人懂得"等，当关系达不到期待的亲密状态之时，就是孤独来临之日。

我会把这些作为重点描述，并告诉你如何面对、如何疗愈，让你通过孤独更理解亲密关系，以及内心的位置。

"心灵的孤独"来自对自我的反思、对内心冲突的和解、对旧模式的升级、对人格独立的坚守、对真实的追求，在这个过程中，人是很孤独的，有时也会有难觅知音、曲高和寡的寂寥感，但却无比珍贵。

而"终极孤独"也叫"存在孤独"，它是一种"绝对意义的孤独"。

因为，人类是茫茫宇宙间幻生幻灭的存在。我们有幸生而为人，进化到这个星球生物链的顶端，却又如此渺小无助，最终会被死亡带走，消散在弥漫的虚空，就像从未来过。

所以，每个人生命的最深处，一定是无尽的绝对孤独，有时这样的孤独还让没死去的我们惶恐不已，必须要做些什么来证明自己的存在，必须让活着有一定的意义和动力。

对此，在本书最后我也会提出一些思考，以求与你产生共鸣，最终达到深刻领悟，并在绝对无意义之中为其赋予意义，尽管"绝对孤独"超越了心理学的范畴，上升到了哲学层面，但我认为这是值得的，并且是骄傲的。

你与我只有深刻思考过终极孤独，才明白人活着哪些是需要追求的，哪些是需要舍弃的，才会让"不忘初心"得以实现，才会寻到独属于你的意义感，从而让生活变得更加从容。

03

到此我得出了一个永恒的悖论：终极孤独让我们渴望亲密关系，而关系的遇见却又带来了世俗中的孤独。

幸运的是，无论是通过我本人的经历、思考，还是我研究的心理咨询领域，都获得了这样一种经验：你所拥有的每一种孤独都是可以缓解的，都是可以疗愈的。

我会攥着你的手，与你一同沉醉、一同领略每一处孤独的风景，去看得完整、看得细腻、看得透彻。

毫无疑问，这部作品浓缩了目前为止我所有的思考，投注了我深刻的情感体验，愿它也能给身陷迷思的人们以抚慰，能让你有限的人生变得豁达，相信也一定会带给你关于亲密关系、活着的意义、生命的价值的启迪。

感谢我遇见的每一段关系，是你们让我有了孤独的能力。

目录

孤独的
真相，
隐匿在
关系中

第一章

亲密关系中的孤独

第一节
怀有期待

江湖是所有人的江湖

天涯却是一个人的天涯

01

　　每个人都是孤独的，每个人都希望有人读懂自己的孤独，分享自己的孤独。

　　此刻，我的脑子再也挤不出　点空余，满满的"孤独"跑了进来，一直钻进心里，变成一个个主题，好比一股股泉水，汇成了这片奇特之湖。

　　这些不曾想到的，不曾想好的念头就这样奇妙地发生了连接，居然给了我一个方向：那是通往孤独之路，路的开始是孤独，路的尽头也是孤独，路两旁也开满了孤独。

　　我甚至都无法称它们为"孤独"，这简直是一个巨大的花园，它们不仅不孤独，还如此热闹，虽非姹紫嫣红，却也称得上向阳而生。

　　每朵孤独之花开放之时，都会受到太阳庇护，仿佛孤独不仅是它们自身，更是自由之光。

我毫不犹豫地踏在了这条路上，变成了美丽花园的一部分，而且你也在，你们都在。很幸运与你同行，拨开那淡淡的薄雾，裤脚沾满露珠，往深处走去，天气微凉，恰似这个秋。

　　在这条名叫"孤独"的路上，尽管我们不知会遇见什么，地图却已若隐若现：它们关乎"关系""成长""存在"，以及"生而为人"。也定然会伴随"丧失""别离""哀悼""衰老""虚空""死亡"……

　　别怕，这一切你我难道还要假装陌生吗？自由不就是在孤独的生死之间发现无限可能吗？

02

　　突然听到女儿大声喊："老爸，你说话啊！"

　　我一愣，看到她拿块面包站在对面，小煤球就蹲在她脚边，"煤球"是我刚养了 2 个月的小黑狗，此刻它也和女儿一同看着我，带着让人怜惜的歪头杀。

　　"好的好的，当然可以。"我连忙答道。女儿可能问我好几遍了，她肯定想征求我的意见，到底该不该给这可怜的小家伙喂面包。

　　"想什么呢你？"女儿嘟囔着蹲下去，将面包塞进了煤球的嘴巴，小家伙叼着战利品一溜烟跑开了。

　　"呃哦，我在一个花园呢！"我沉思道，也不知是在回应女儿还是自言自语，然后又再次走向那条名叫"孤独"的回家之路。

我知道，第一站，一定是亲密关系里的孤独。

作为心理咨询师，我的研究方向之一就是"亲密关系"。

事实上，研究亲密关系就是研究孤独感。因为世俗中的孤独大都来自"有关系，无亲密"，当关系不亲密的时候，孤独感就产生了。"亲密感"与"孤独感"就是硬币的正反面，同时存在。

故此，孤独之旅第一个大路口是"亲密关系中的孤独感"也算顺理成章了。

我之所以在孤独后面加一个"感"字，意在说明任何一种孤独，都是当事人自己的唯一体验，而非其他任何人的臆想和猜测。（以后我在谈到任何孤独时，都是在谈孤独感）这个与"亲密感"一模一样，都是当事人的唯一体验。

而一般理解，"孤独""关系"，这不应是两个相悖的概念吗？一个身在关系中的人怎会孤独？一个孤独的人又怎会身处各类关系中？

相悖的、矛盾的东西截然分开就不是同一条路，而一旦搅在一起则会变成双重枷锁，一个往左一个往右，把人心搅得惶恐不已。

孤独与关系，正是如此。

倘若我们只是那个可怜的鲁滨逊，被世界抛弃在无人岛，面临最大的难题除了吃喝就是如何克服孤独感。

"现在，我已经过上了一种忧郁孤独的生活，这样的生活也许是人类历史上闻所未闻的，我将从头开始……"鲁滨逊这个目标单一又清晰，倘若这样，我们这些鲁滨逊们，心疼得爽快。

但上天偏不这么出牌，他居然把我们扔在人海之中，让我们耗尽大半生甚至一生在关系里，却又把"孤独"根植在每个人心中。

于是，关系与孤独就像不断裂变的细胞，在体内生根、发芽、扩散、游走、占据，变化出无数形状，或直接或隐晦地冲击着我们的血液与骨骼。

于是，我们沉醉于各类关系，同时又被孤独蚕食。

03

我以为，世俗的最大困惑莫过于"亲密关系里的孤独"。

倘若《圣经·创世纪》里的神（耶和华）只是创造了亚当，让他作为人类唯一的祖先，人间也许是另一番景象。"但那时的亚当是孤独的"——神也感到孤独之可怕，于是取了亚当的肋骨，造出了第二个人并取名"夏娃"。

至此人类的宿命似乎已经注定，你若受不了孤独之苦，那就沉浸在与另一个人的关系里吧。

无论这个关系是爱情、友情还是亲情，你总会觉得自己是"不全"的，始终像丢失了一条肋骨。那个地方会隐隐作痛，以此来让人类记住摆脱孤独的代价。

而疼痛本身就是孤独。

虽然我只是引用了这则神话故事，但它却具有极大的代表性。特别有那么一群人，他们在关系里深深地孤独着。也许是你，也许是你身边之人。上帝让你拥有关系的同时，也让你备受孤独之殇。

想到此，我不禁倒吸一口凉气。那些本该深爱着的人，本该享受上帝赐予的亲密之人，为何分道扬镳、形同陌路、无奈别离？又为何身在其中却无解脱之道，继而相爱相杀、彼此受苦？

"在亲密关系中，为何孤独？"我的答案再简单不过：是因为你对关系、对亲密、对爱还有期待，或者说你这份期待还没全死。

林语堂曾说过："'孤独'这两个字拆开来看，有孩童，有瓜果，有小犬，有蝴蝶，足以撑起一个盛夏傍晚间的巷口，人情味十足。稚儿擎瓜柳棚下，细犬逐蝶窄巷中，人间繁华多笑语，惟我空余两鬓风。孩童、水果、猫狗、飞蝶当然热闹，可都和你无关，这就叫孤独。"

林先生这番话道尽了"关系中的孤独"本质：一切的繁华美好，一切的关系尚在，但在内心深处，却都与你无关。

我却还要加一句："虽与你无关，但心向往之。"这种向往，既是期待，也是孤独本身。

因为期待，让你有了关系；因为期待，让关系变得亲密；因为期待，导致失望，导致关系不再亲密；又因为期待，你并未离开，让未离开的你深感孤独。

于是，你依旧等待。只是这等待遥遥无期，那也许是你内心唯一可以守护的纯粹。爱既然来了，何苦要走。孤独如影随形，也让期待变得越发焦灼、痛楚。

04

那些对亲密关系没有期待的人，要么遁入空门；遁入艺术殿堂寻找更高级别的孤独；要么遁入疾病，逃开一切亲密。

这些疾病流于表面转移了孤独，却占据了心灵，让人把能量聚焦于抑郁的海洋、虚空的沙漠、焦虑的森林，孤独被短时搁浅，期待也没那么热烈了。

而我分明看见了那些孤独的人，也看见了我自己，看见了人们是如何挣扎在各类关系中，绝望地孤独着。一遍遍憧憬、一遍遍期待、一遍遍失望和逃开，让人们在亲密与孤独之间来回跌宕。

故此我得出了一个定义："亲密关系里的孤独"就是对未知的、失去的，或求而不得之爱所怀有的痛苦期待。

这个主题会分出许多岔路口，我要带你去几条稍微明显的小路，因为在那里我曾遇见过同行之人，以及我自身。

带你去的第一条路径，就是"无人可依的孤独感"，我称其为"身后无人"。

第二节

身后无人

01

世俗最大的孤独是亲密关系里的孤独，"身后无人"则是这类孤独中最心酸的一种。

有位来访者讲过自己这样一段经历：

她是留守儿童，把她养大的爷爷奶奶相继去世，父母都在遥远的南方打工，童年几乎没有关于他们的记忆，只有那张皱巴巴纸片上的一串串电话号码。

"有事给我们打电话"，她也记不清这是谁说的了，却一直保存着这张纸，贴身而藏。

17 岁那年的某个深夜，一辆三轮车撞倒她后逃逸而去，不知过了多久她挣扎走到路牙石旁，额头鲜血直流，好不容易过来几个下夜班的好心人，一边拨打 120，一边给她手机，让她给家里人打电话。

她颤巍巍地从钱包中取出那张发黄的纸片，一个一个摁下那串冰冷的数字，贴在耳边。

"我的心快要跳出来了"，来访者这样说。当时我的心跳也明显加快，下意识摁了摁胸口。

"结果你猜"，来访者突然笑了，"是空号"。

我的心猛地一沉，期待的终究没发生，现实的确比电影残酷，根本没那么多温暖与团圆。

"我突然不再感到疼痛，站了起来，摇摇晃晃地朝黑暗中走去，沾满血迹的那片纸被扔在路边。我听到了120的鸣笛，但我一点都不想去医院……"来访者依旧苦笑道。

我只能先说到这了，刚刚敲下这些回忆时，依然悲从心来。

那串号码重要吗？那串号码不重要吗？我真不知道，也永远无从得知她在那时那刻的心情。

但我知道，当她伤痕累累回头的一刻，空无一人。

02

我始终以为，比起前途未卜的不确定感，"身后无人"更让人心碎，也更孤独。你不得不强打起精神收下这份孤独，咬咬牙继续上路，任风把泪水吹落。

这位来访者的故事只是一个缩影。太多的"无人可依"正发生在每个人身上。

不知道你是否看过电影《少年的你》，无论是陈念、魏莱、小北，还是跳楼的少女胡小蝶，他们都有一个共同点："身后无人"。

同我的来访者一样，这些少男少女的命运被推向了各种未知的恐惧，当孩子身处危难时，身为养育者的父母们，你们身在何方？

我见过太多这样的故事：当遇到困境、遇到危险、被不公正对待、被侵犯、生活窘迫的时候，那个所谓的"靠山"根本不会带给你安全。

他们要么冷眼旁观；要么一点办法都没有；要么责怪你各种不好……这一切，都在告诉你一个残酷的事实："别指望我会罩着你"。

正如一个遭遇暴力的女儿回到娘家，她的父亲第一句话就是："你若做得好，他能那么对你吗？"多么无情又懦弱的父亲呀！相反，与就算女儿真做得不对，父亲也要冲上去的感觉，会有多么不同！

03

不可否认，关系的最初模板来自早年的养育者，这是我主修的这个心理流派（精神分析）最初的假设。

带你看一个常见的场景：

几个孩子在玩耍，不远处必定有几位妈妈或奶奶在那里闲聊或看手机。

每个孩子都会有相似的动作：玩一会儿回头看看妈妈，再继续玩。过一会儿又重复同样的行为，有的过来喝水，吃点零食，有的就只是跑过来什么也不做，还有的头也不回地叫声"妈妈"，听到回应"干嘛呢""在呢"的时候，就继续做他自己的事。

这构成了一幅典型的"依恋场景"。

尽管孩子与妈妈距离没那么近，也不像小婴儿那温馨的摇篮，但却形成了某种氛围，这个氛围我称为"爱的领地"。

这个领地最大的特点就是：孩子回头那一刻，身后有妈妈。

身后有人，危险就是可控的。

例如，孩子被欺负，妈妈会跑来把他抱起；小狗叫几声，孩子就往妈妈怀里钻；玩具被弄坏了，孩子也要扑向妈妈求安慰……

此刻，孩子是安全的。危险来临就有保护者出现，这促使孩子不太费劲地成长，一起长大的还有内心那个妈妈。

尽管以后他将面对更多、更大的未知，但内心那个妈妈永远在，并已潜移默化为"内心的自己"："我是安全的""我是可以的""我是能克服的""我是勇敢的"——这个孩子心中，永远都背后有人。

相反，孩子回头那一刻，妈妈不在了。

许多人可能做过这个"突然消失"的测验，故意在孩子看不到的时候离开，看看孩子的反应。

我猜你看到了：随着时间推移，孩子会不同程度地焦虑，眼神由闪烁、怀疑、紧张、不安，到害怕、恐慌、失望、愤怒，如果时间足够长，你还会看到绝望，并伴随某种不易觉察的孤独。如同我那个来访者，心中唯一的电话号码彻底地碎了。

这也解释了为何孩子都喜欢玩"捉迷藏"，捉迷藏的本质在于"期待被找到"。

所以孩子在某个角落待不到几分钟，他就发出某种声音作为信号来提示别人"快来快来，我在这儿呢"，或直接跑到寻找者跟前，期望被找到，并伴着遗憾的幸福感。

还有"老鹰捉小鸡"的游戏，其本质在于"危险来临那一刻，有鸡妈妈保护"。记住，游戏中孩子潜意识是希望危险来临的，但希望危险来临不是目的，危险来临时"有所依靠"才是最终目的。同样，谁也不愿做队伍最后那只小鸡，因为"身后无人"。

我观察过很多这样的孩子，我自身也体验过这种最深刻的无助。

它伴随我整个童年的 1 ~ 6 岁，也在梦里无数次出现过，让已成年的我不断回到那一次次绝望的瞬间。我深信那是自己"亲密关系里的孤独"最初的原型。

事实上，童年最大的不幸之一，就是被这样悄无声息地抛弃。

倘若抛弃只有一次，哪怕那个人永远消失，创伤也只是短暂的。但那些所谓的养育者还会再归来，然后再离开，周而复始。而对那个孩子而言，并不知道发生了什么，也不知道究竟犯了什么错，竟然被这样一次次惩罚。

更让这个孩子难以接受的是"爱"也是浓烈至极，在的时候爱得喘不动气，继而便无声消失。

是的，这足以解释曾剧烈困扰我的哮喘病和分离焦虑，更诠释了我现在孤独感的源头。因为在那几年的每个夜里，我都时断时续地一个人在一个被称为"家"的小黑屋子里度过。

从事心理学工作多年以后，我依然心有余悸，那个孩子怎能不孤独？他根本搞不清身后究竟有人，还是无人？那个人何时离去，又何时归来？

所以，请不要随便玩这个"失踪"的游戏，别为了满足你的自恋而给孩子带来创伤。

捉迷藏也别假装很久找不到孩子。若你是隐藏者，一定要发出许多暗号，来提示孩子找到你。这虽降低了游戏难度，却把握了游戏本质，孩子的感受会是："我的重要客体不会真消失，那么，我就不会真的消失"。

"身后无人"这个创伤修复需要很多年，需要付出很多代价，但也有修复不了的，其代价之一就是孤独感。

04

很多抛弃者不像我或我那个来访者遇到的一般直接，而是化身成各种形状。

在我的《疗愈内在小孩》训练营中，大致把受伤的孩子分了三个类别，这里谈到的"身后无人"大多来自"被忽视的内在小孩"。

它包含从"不被重视"到"被抛弃"之间所有的连续谱，如缺失、冷落、疏离、无视、排斥、孤立等一切"指望不上"的感觉。

● 其中很隐晦的一种是：功能性养育。

简单形容，就是只看到孩子的外在所有，却看不到孩子本人。譬如重视学习成绩、相貌、才艺、懂事听话等。养育者往往在这些地方特别用力，甚至严厉苛刻，而在孩子内在情绪感受上却十分漠视。

这就是变形的忽视，看起来却又相当重视的样子。久而久之，孩子就会被"物化"，会产生"我有用才被喜欢"的扭曲认知。

他一生都在为"让外界看起来有价值、有用"而努力，活在别人的认可中，并强烈害怕自己坠入深渊（那个深渊就是"没用了"），从而完全忽视内心真实需求，如同早年父母对待他那般。

许多智商超高、学历超高、赚钱超多、社会层面超成功的人，他们的角色活在"上流社会"，内心却终日惴惴不安。问及原因几乎雷同："我不能失败，我输不起，我没人可依靠，除了成功别无选择"。说这话时，我总能看到他们眼中那视死如归的决绝与孤独。

我清楚，这份孤独来自心中从未熄灭的期待——渴望有份爱可以不在乎他的功名，只爱他这个人。

但这期待被孤独深深包裹起来，内在的柔软遥不可及，需要漫长探索，才能小心翼翼地敞开。

- 另一种忽视更荒唐：孩子不但指望不上父母，还要保护父母。

一位男士小时候父亲就去世了，母亲的懦弱让他承担起保护妈妈和弟弟的责任。

有几年他们经常被村里的恶霸欺负，半夜会有人来砸门，还会有大块石头从院子里飞进来，砸坏水缸和锅碗瓢盆。一开始他总蜷缩在角落。

后来他不得不挺身而出。他会站在大门口守着，困得靠墙就能睡着。上学也开始胆战心惊，常从学校跑回家，看看妈妈和弟弟有没有被欺负。每次出门都会频频回头怕被偷袭，至今依然还有这样的强迫行为，夜里总用胳膊护着头部才能睡去。

"有一次，几户恶人家的大孩子欺负弟弟，我把弟弟拉回来，朝他们扔石头。我不敢走近，只是远远不停地扔石头，好像那些石头可以保护我，那一年我8岁。"这个高大的汉子低声抽泣起来。

"更让我想不通的是，妈妈就在不远处一直喊我和弟弟的名字，叫我们回家，就是不走近。"

"旁边几个邻居也在那看着。我听到了他们的笑声，可能觉得我们在闹着玩吧。但我真被吓坏了，弟弟哇哇大哭。"

我边听边擦着泪，我为这位男士的勇敢而流泪，为这位妈妈的不作为而流泪，更为那些吃人血馒头的邻居而流泪。

从此，这世界又多了一个"身后无人"之人，孤独如他，坚强也如他。

05

精神分析认为：心理现实大于物理现实。

很多孩子不像这位男士明显地保护父母，但内心确实如此。例如，只要自己做了父母喜欢的事，就会获得更多重视与奖赏，就会看见父母久违的笑脸，那个时候，这个孩子就正在迎合父母。

许许多多的孩子正是为了让父母开心，不停迎合他们。这似乎变成了某种心照不宣，也变成了理所应当，谁也不认为这有什么。

不就应该如此吗？"思考"这个词在这些人身上停顿了。他们的思维变得麻木而固执，甚至有些偏执。如同赵本山的那句台词："老子看儿子的信，就像领导视察工作，天经地义！"

若是这样，我认为养育者都不如离开的好。因为孩子的心理现实就是"指望不上"，却还消耗其弱小的能量。"有的人活着，但他已经死了"，死掉的就是父母本该有的、照料孩子的那部分功能。

畅销书《相约星期二》中，即将死去的莫里老人对家庭有段话是这样讲的：

"事实上，如果没有家庭，人们便失去了可以支撑的根基。我得病以后对这一点更有体会。如果你得不到来自家庭的支持、爱抚、照顾和关心，你拥有的东西便少得可怜。当然会有朋友、同事来探望我，但他们和不会离去的家人是不一样的。这跟有一个始终关心着你、和你形影不离的人不是一回事。"

不得不说莫里是一个幸运的将死之人。许多人生他是不知道的，"身后无人"的人们内心那份孤独感，他至死不懂。

第三节

不得不坚强

白昼之光，岂知夜色之深。

——尼采

01

当说起一个人很"坚强"的时候，特别当你觉得自己很"坚强"时候，内心其实很复杂。

复杂中包含太多苦涩。先涌上来的绝不是叹服、开心，而是若隐若现的忧伤、丝丝悲壮的凄凉，也有无奈与落寞。再细细想来就会眼眶发红，有想流泪的冲动。最终却只是揉揉眼角、抬头看看窗外，自言自语道："不这样，又能如何呢？"

这些感受的背后对应的就是"身后无人的孤独"，而"不得不坚强"则是最主要的表现方式。

我随便在网上搜索"坚强"，首先弹出来的是名词解释，然后就是很多小故事，随便翻开几个，大致是这样的：

- 邰丽华因高烧失去听力后苦练舞蹈，最终成为中国残疾人艺术团里的台柱子；
- 邓亚萍因身材矮小、手腿粗短被拒于国家队大门之外，而后苦练球技，终于登上了世界冠军的领奖台；

- 司马迁遭受"腐刑"后，忍辱负重历时 18 年完成了不朽的《史记》；

还有贝多芬和霍金，以及张海迪、桑兰、曼德拉、奥斯特洛夫斯基……

看到这些名字，除了功成名就外更多会与"苦难"联系在一起。当然，我不能真正深入他们，去看看在其背后是否"有人可依"？

记得很有意思的一件事，读小学时老师问："同学们觉得谁最坚强？"大家回答最多的不是名人，而是母亲。"老师，我的妈妈最坚强。"当时，记得我也是这么说的。

在对母亲的形容词中，"坚强"这个词也许仅仅排在"善良"之后，位居第二。

我接触过的人群中，对母亲的评价最多的也是"坚强"。说这话时，他们眼里往往噙着泪。

很多母亲的坚强其实是想要表达付出、无奈、艰辛，但让孩子感受到的却是愧疚。

那么，坚强不应该让我们倍感鼓舞吗？不应该是积极向上的力量吗？为何还会哭泣？

02

这让我想到了我的母亲：

在她们"四朵金花"（这是我给母亲姊妹四个的称呼，她们都很美，母亲年轻时还是戏台上的角儿）中，母亲排行老三。

姥爷重男轻女的思想超级严重。母亲童年的底色就是被姥爷歧视、打骂，被逼迫不停做家务。她说："那种骂是用手指狠狠点着脑袋的辱骂，恨不能给戳上个窟窿。"而彼时的姥姥又是助纣为虐的角色。

所以，母亲自小就没有大树可以乘凉，还要照顾小姨和舅舅们。

命运使然，母亲嫁给了"缺失"的父亲（常年出差）。照料我们兄妹仨、各种忙不完的农活，自然也就成了她一个人的事。

母亲是极聪慧之人，自学了裁缝补贴家用。那时，方圆十里八村都知道有个心灵手巧又美丽的裁缝。如今，仍在继续工作的"工农"牌缝纫机见证了一切岁月。

鲁迅先生在《呐喊》自序中说道："凡愚昧的国民，即使体格如何健全，如何茁壮，也只能是做毫无意义的示众的材料和看客。"

至今我依然想不通，早年间在农村的恶人为何那么喜欢欺凌弱小。母亲时常一个人面对好几个村霸奋力反击，绝不屈服！而那些平日里找我母亲免费做衣服的乡亲们，每到关键时候，总是吃吃作笑地围观，或逃进屋子紧闭大门。

这一切，我都看进了心里。

母亲的眼神是我童年最深的回忆，那是怎样的眼神啊：倔强、焦灼、不屈、决绝。如今想来更晓得我为何念念不忘，因为还有一种不易觉察的绝望感！

当时，我把这眼神叫作"坚强"，我会说我有个善良而坚强的母亲。因这种坚强，让母亲在 30 出头时就开始两鬓斑白。

先说到这吧，谈及母亲就停不住笔，泪水也止不住流下来。或许以后我会把母亲写进小说，到那时再说吧。

总之我想说的是：所谓"坚强"只不过是无人所依罢了。这样的坚强最孤独！

此刻，我想到了很多同我母亲极其相似的那些人：

- 有个女孩在离家千里之外谋生。有段时期的很多个夜里，她必须怀揣一把剪刀才能入睡。这女孩被同事们标榜为"坚强""勇敢"。
- 有个西北汉子送女儿去大学报到，在校门外小树林住宿，骗女儿说住在宾馆。"那几天我一根接一根地抽烟到天亮""咱不能让孩子觉得没钱、没本事"，汉子红着眼眶对我说。
- 有位离异的女士上了一天班回家，下水道堵了，电灯泡也坏了。当她挽起袖子修理时，水管突然爆裂，把她浑身浇了个透。那一刻她瘫坐在地上，号啕大哭。
- 一位失恋的姑娘因低血糖晕倒，挣扎着打车去医院。司机笑着说"你很坚强"。她顿时莫名其妙地破口大骂。

……

这样的故事有很多。母亲的原型打造了让我对她们有着深刻共情的底色，我总能直觉地意识到她们内心的那种种心酸。

无论她们是职场精英、私企老板、大学教授、海外留学生还是挤地铁的上班族，相同点是都"坚强如铁"，还有个相同点，就是"身后无人"。

再深入下去就会看到，她们都有个指望不上的童年，也有过几段指望不上的恋情，最终，再次回归孤独，扛起生活继续笑着上路。

时下，很多社会价值观、女性价值观、个人价值观都在努力强化这群坚强的女性，让她们走向了一个高度，往下看触目惊心，往后看无人可依，唯有往前走，才是活下去的唯一筹码。

任何年代都怕道德绑架。把某个群体架到一个高度，就再也下不来了。毕竟往回走意味着尊严碎掉，羞耻也不会放过自己，不如继续坚强，不是还有孤独作陪嘛？

当"坚强"成了习惯，就看不到"被迫"的详细含义。

"谁说女子不如男"是花木兰的决绝，但少有人看到被迫的成分。正因为"阿爷无大儿，木兰无长兄"，她才决定"愿为市鞍马，从此替爷征"。若花木兰有哥哥或者有个像样的父亲，那又何必"暮宿黄河边"呢？

倘若我那没见过面的姥爷多点宽容，母亲也不会早生华发。

03

而"强迫完美"则是被迫坚强的附带品。

"既然坚强了，就不允许自己出岔子，否则就真垮了"，我们的坚强表现在不允许自己不够好上。

- 有人把工作生活任何细节都规划得井井有条，并列出一切可能的意外，每个风险都有好几套应对方案，还有备用方案，一旦危险来临就不至于一败涂地。而以上都不可控的时候，坚强的铠甲顿时碎掉，自己也不复存在。

- 有人敏感外界一切评价，但凡他人指责，或感觉在别人眼中糟糕的时候，就如末日来临般惊恐。

- 还有人一旦失误、犯错，就对自己实施惩罚。认为自身罪大恶极、不配为人，认为自己是一个被天下唾弃的怪物，极度羞耻。许多自残自伤都来源于此。

他们背上了厚厚的壳，小心翼翼地殚精竭虑着，生怕一旦不够好，就会坠入深渊、万劫不复。

"我得第一名不会开心，只觉得应该而已，但若得第二名就会天崩地裂，我就要死了……"一个高中生这样说。

"我不愿把活儿交给别人，怕别人做不好，凡事我自己动手才放心呐。"我的母亲也这样说过。

也许你也如此，做什么都要最好，任何不满就推倒重来，不许自己犯错，也不许别人指手画脚。这就是对自己无情的苛刻，生怕别人点破自己的弱点，与此同时，也绝不允许别人做事马虎随便。

然而我要说，不是这样不行，作为治疗师也罢作为朋友也罢，我们要允许他们有路可退，允许他们"做得不够好也是可以的"。若你成不了他们坚强的身后之人，至少给留条退路。

有退路的感觉很美："你是可以休息的""这些年你做得足够了""你可以不坚强、也可以懦弱"，仅此一句话，就给他开启了自我接纳之旅。坚强并没错，错的是"咬牙坚强"。

人生有很多风景，我们不必如此内耗。

多年以后和母亲聊天，母亲叹了口气说："那个时候，我一旦示弱，咱家就完了，你爸离得那么远……"

我就这么静静地听着，眼泪流在心里。是啊，母亲心里也怕，但怕解决不了问题啊，她只能揣着恐惧像母鸡那样坚强地守护我们这三只小鸡。所以，每个周末我都会去父母家，听母亲讲过去的事情。

倘若实在无人可依，也无人倾诉，那我劝你坚强的同时，要抱一抱内心那个小女孩或小男孩，你要允许母性的强大，更要允许内在小孩的脆弱。

眼泪一点都不丢人。

记住，坚强的背后是对依赖所怀有的痛苦期待。而自我苛刻完美，是对这个期待的近乎绝望。

真实的坚强总是在有人可以依靠、可以在危难之际伸手托住、可以被允许自由表达一切想法之后才产生的。每个困难时期，至少要学着这般对待自己。

下面是我的另一部作品《看见你的脆弱》中提及的一项常规练习，把它送给你，让你在坚强不下去的时候使用：

滋养内在小孩练习

底层运作机理：无意识重回内在小孩创伤时刻，但是以有力量的自我回归，让内在小孩感受来自重要客体的持续滋养，延续曾经被迫中断、压抑的体验，从而获得一个重新养育的机会并自我疗愈。

目的：（1）与内在小孩持续保持连接；（2）不停确认内在小孩的需求并满足；（3）让内在小孩的恐惧逐日降低；（4）成为习惯。

特点：简单快捷、易于上手、持续作用显著。

具体练习方法

（1）找到他：依据你的习惯寻找"一个替代内在小孩"，例如你想象中的自己（小时候的样子）、你儿时的照片或你与某人的合影、你内在小孩的自画像、镜子中的自己，或你的重要物品、宠物、植物。你要随时能够见到他，不可以是你的孩子或现实中的他人。提倡前4种。

（2）练习条件：当你感到悲伤、无助、愤怒的时候，当你与他人发生冲突之后，当你陷入某种情绪的时候，当你一个人安静的时候，都可以先冥想一会儿或者专注于当下，随后再开始下面的环节。

（3）倾听他：模拟内在小孩在对你说话，说什么都行，你只是专注地听，若实在无法说出来则可以心中默念。

（4）安抚他：想象他的样子，你变成了他，然后像婴儿一样躺下，或者半躺，或者坐着站着都行，然后拥抱自己，拍一拍自己，轻轻摇晃一下自己，抚摸自己的肩膀或脸颊、头发，感受和他在一起的温度、气息等。

（5）允许他：呼唤他的乳名或名字，轻轻告诉他——"这一切，无论什么，都不是你的错""你可以哭泣，也可以停下来什么都不做"等类似的话，若实在无法说出来则可以心中默念。

（6）支持他：呼唤他的乳名或名字，想象你有能力给他最需要的，想象处在某个情境下，并告诉他类似这样的话——"别怕，有我呢""我会保护你""我会永远站在你这一边，任何时候""我就是你的背后之人""你真的不应该被那样对待"等。若实在无法说出来则可以心中默念。

注意事项

（1）以上环节的任何感受，随时写下来、说出来、分享出来都可以，没有时间限定。

（2）注意别让任何批判性思维阻止你。（包括这没用、这没意义、这很傻、我不行、我做不到、我没时间、我没这样的机会等）

（3）以上"倾听他、安抚他、允许他、支持他"可以交替进行，没有先后次序，唯一的依据就是那一刻你的感受。

（4）出现强烈阻挠和不情愿时，可以做几个深呼吸，喝点水，暂停一会儿，或者停一次。

（5）多鼓励自己，告诉自己，这是一个很好的练习机会，你不是孤单一人在做这个练习，而是有很多同频的小伙伴一起进行，相互陪伴。

（6）内在小孩的替代者，可以与母亲角色互换。

（7）如果暂时无法通过想象、感受的方式连接到内在小孩，也可采用更具象的辅助方式，如书写、自由绘画，实现连接。

第四节

假性亲密

婚姻会不会让我们感到乏味?

那么就这样

不去理会这浮躁的社会。

——赵雷《无法长大》

01

"身后无人"那份坚强的孤独感,造就了另一种更隐形的"虚假亲密",而这种亲密所带来的后果,则是更深的孤独。

有部美国影片叫《天伦之旅》。

老弗兰克的工作很有象征性,他曾是给电线涂保护层的工人——为了保护电线不受外界的侵蚀(父母的功能之一就是对孩子有着这样的保护)。但也许是弗兰克把保护都给了电线,留给孩子们的童年少得很。

如今,可怜的弗兰克退休在家又痛失爱妻(这是永失我爱的孤独感),由此倍加孤独,想起了分散在全国各地的孩子们,便踏上了旅程,分别去看望他的 4 个孩子。

以往的消息都是好的,孩子们各自幸福美满、事业有成,小儿子是著名画家,大儿子是乐队指挥,小女儿是舞蹈家,嫁给了名医的大女儿更是充满甜蜜。弗兰克常以此为荣。

事实却随着这位父亲实证考察后真相大白：乐队指挥只是一个名不见经传的小鼓手；小女儿并没有选择跳舞而是挣扎在温饱线上；大女儿绝不甜蜜且已离婚；让他最难过的是小儿子，"那个画家"外出写生便失踪了，至今生死未卜……

我称这位父亲的"天伦之旅"为"心酸之旅"，是那种必须要面对的心酸。

心酸的背后才是真相，倘若一直活在某种虚假美好之中，孤独感就一直如影随形，关系就只是展示给世人看的面具。

这部影片从侧面折射出了"虚假亲密"，看来这并不分国界，在任何种族间都会上演。

对父母报喜不报忧是我们的特长："不想让他们担心""说了也没啥用，只会添堵"，"隐瞒"成了与父母关系的常态。

原因是不信他们真能理解我们的脆弱，更不信他们能带来接纳和支持。这恰恰来自早年类似的感受，如同影片中的孩子们，难道他们不是从小就感到"身后无人"吗？

这样的"虚假亲密"除了和父母的，还有和伴侣、恋人、孩子的——常采用的形式有这么几种。

02

作为一个父亲、一个母亲、一个妻子、一个孩子的"角色"。

如同《天伦之旅》的 4 个子女，作为"孩子角色"，让老父亲放心就是某种职责（甚至演变为天性），而绝不能让父亲为自己分忧。

学生年代，我每封家书都在说自己多么好，吃的用的学的都很好，请父母放心。每次写完，我都会感到深深的孤独。

因为，我并不好。我用"假好"取代了真相。我处在"孝子"的角色里，而并没在自己的真实感受里。

更让我惶恐的是父母也总会说"家里一切安好，你放心读书就行"，我感到欣慰的同时又觉得必须要把书读好，要不"万一读不好，家里就会有危险"。奇怪的是，我的确没读好。

现在想来，父母写下"家里一切安好"的时候，心中一定也是孤独的。因为每次假期我回去，他们也不好。他们也只是在履行"父母的角色"。

许多婚姻更是如此，除谈工作、谈孩子、谈亲戚、谈父母、谈电视节目之外，似乎极少沟通"你和我"，不存在没有第三方的"你－我"关系。彼此用"夫妻"角色避开了真实感受。

这也许没了争吵，也许外人看来不错，也许孩子眼中也没啥，但就是少了点什么。

少了点什么呢？少了点角色之外的真实感。

他们彼此合谋维系了某种亲密，要硬着头皮双双出席各种场合，回家之后各自睡去。我想在临睡之前，孤独感一定悄悄袭来。

我会在以后谈到"沟通与不沟通"，但此时你要知道交流在所难免，除非你真的不需要爱的成分。

否则，积攒的冷漠越多，将来的沟通障碍就越大，发生不可控事件的可能性也越大，以至于无法收场。

要知道，你恐惧的是"孤独感"出来以后那个人根本接不住，恐惧的是早年身后无人的感受。你要突破，要勇敢地说出"你看，皇帝真的没穿什么衣服"，那一刻，才是真实的关系，而不是活在"皇帝"的角色里。

一位来访者说："13 年了，每次我觉得和他有关系的时候，就是我们吵架的时候，即便只有 2 次。"除了这两次，他们都活在"婚姻角色"里。

"我们就像合租房子的房客。"另一位来访者如是说。

我认为，好的婚姻其实是一种友情，而非爱情。即便这么认为的时候，我们有多么的不情愿。

03

"应该"是一种功能，让我们可以活在"和谐"的关系中，如母慈子孝、夫唱妇随、兄弟和睦，如此便一切安好。但你也要知道，越是不情愿的越孤独，无论表面多光鲜。

鲁迅在《阿 Q 正传》中说："……尤其深恶痛绝的，是他（钱太爷的大儿子）一条假辫子，辫子而之于假，就是没有了做人的资格。"

看看，这让那些"没辫子"的人怎么活？他们不得不接上一段假辫子，像看起来应该有辫子的样子，否则就"没有了做人的资格"。

多年前在我们农村老家，一个妇女自杀，村里人唏嘘不已且并不愿相信这个事实："怎么会呢？""她平时那么好一人，那么孝顺，对他家那口子（老家用语，意思是指她丈夫）那么贤惠。"根本没人去管这个自杀的女人，活得究竟有多憋屈。

可以这么说，亲密关系中的孤独，很大程度来自"应该"与"愿意"的冲突不能和解。

有位来访者称，我最讨厌我妈说"作为家里的老大、家里的顶梁柱，你应该如何、应该如何、应该如何"，难道作为老大就该去死吗？！

我想，早年村里那个自杀的女人，也许是为"应该"而死的吧。她用"死"来遵从了内心最大意愿，可悲的是村里人还是以为"她死得不应该"。

你们听听，人家连死的权利都没有！

悲哀的是，做到遵从内心真实意愿的人少而又少，因为耗不起别人的白眼与唾沫星子，也拗不过心中那几千年传下来的"道德感"。

好不无奈。

04

"性"是爱的一部分，当爱不可得时，性就成了关系的维系者。太多太多婚姻里的性，有着难以言说的孤独。

温尼科特在《婚姻中的创造力中》说："当我们把性放在婚姻的中心位置，就会发现到处都有多到令人惊讶的痛苦，在性生活中活得很有创造力的夫妻中不容易找到，我觉得这是一条很好的定律。"

有位男士和妻子多年没有性生活，却有很多"性伴侣"。

每当压抑、愤怒、焦虑的时候，总会找到一个"不忙"的女性疯狂做爱。每次兴奋散去，焦虑和压抑便得到了缓解，内心却立刻袭来阵阵巨大的孤独。他只有再次做爱，才能消除这种孤独。

"所以，于我而言，亲密也就那几秒。"他说。

我认为那几秒都算不得亲密，只是某种被需要的满足，以及由此产生的亲密幻觉。

用性来隔离亲密最合适了。

当两个人在做爱的时候，那种极度融合、世界消失、飘在天边的感觉会自然浮现，还有什么比这样的体验更能够代表"亲密"的呢？

即便只是"自慰"，那些幻想与兴奋也会让你与这个世界、与自己完全融合，产生一种极度亲密的麻醉感，就算过后面对巨大的虚空和孤独也在所不惜。

在我看来，"性"的含义很广泛，绝不仅仅是性交本身，还包括报复、复仇、空虚、寂寞、被需要、征服、有价值、快感、依赖、低自尊、狂妄、自卑、分裂、幻想等众多情感。

我们却会很自然地把"性"与"亲密"扯上关联，毕竟常态下人们都以为只有亲密关系才可以发生性关系的。

我想说的是，性可以是亲密关系的一部分，但绝不可以代表亲密关系或爱情。"每次回忆，我都忘记了她们的模样，只记得那些白白的身体，还有我的孤独。"一位男士这样说。

我感到了阵阵悲凉，无关系的性隔开的究竟是什么？那个男人还是一个男孩的时候，他的背后有人依靠吗？他发生了什么？

我却又感到阵阵欣慰，若真的没有亲密与爱恋，于他而言，幸好还有性，还可以用性和这个世界发生点关系。

性，俨然成了某种符号，代表了关系中最真实的孤独，去和另一个孤独的灵魂在肉体上相互沟通，这岂不又是一层孤独？

05

身后无人之人，潜意识会用一生寻找那个"可依之人"。

故此，遇到看似值得信赖的人，就好像抓住了救命的绳索过度依赖，一下扑上去，牢牢拴住对方，也拴住自己。

早年"指望不上"的感受有多强，"过度依赖"的程度就有多高。

"你终于来啦！我等你好多年了，来了就别走，我不会让你走的！"这就是身后无人之人遇见"真爱"时的心里话。

如同蔓藤对树干的依恋，越缠绕越紧越深，甚至会放下以往的高冷。"喜欢一个人，会卑微到尘埃里，然后开出花来。"张爱玲如是说。

往往最终却也没能开出花来，反而让对方真把你"看成尘埃"，尘埃落定之日，就是分道扬镳之时，你再次重复了那种身后无人感："你看，真是什么人都靠不住。"

过度依赖只是爱恋的开始，随后就会走向另一端。因为被伤多了便筑起高高的荆棘墙，爬满美丽的刺，远观尚可，近了就会被伤到。

因此，过度依恋一个人和过度疏远一个人，结果是一样的，它们是硬币的正反面，前者只不过是更隐晦的"假性亲密"。

"过度依赖就是过度控制""过度控制的背后是无人可依的失控感"，这样说你会更明白。

温尼科特也说过："两个人有多么不害怕离开彼此，就能有多大收获，如果他们害怕离开对方，他们就很可能对另一半感到厌倦。"

我非常认同，害怕离开对方指的就是过度依赖，依赖久了，有些夫妻会发觉他们很别扭地把一些角色交给了对方。这个时候引发对方的"厌倦""嫌弃"也就顺理成章了。

同时，假性亲密者又特别不愿意别人麻烦自己，也惧怕自己去麻烦别人，即便表面显得多么"热情"。那是因为，一旦如此就有可能走进关系的纠葛之中，那样就太不确定了，不如继续孤独着。

其根源，如同拜伦几句诗所描述的那样：

做客他乡尤怀念自己家园，
如果家庭能给予一点温暖。
孤独的人却不妨来此流浪，
慰心纵览意气相投的地方。

第二章

性的孤独

第一节
性宣泄、性征服

如果与一个人的性爱使我感到快乐，为什么要拒绝这种快乐？我们拥有权力，我们不应该放弃。

——米歇尔·福柯

01

上一章谈到孤独时，我寥寥数笔带过了"性爱隔离"。事实上，关于"性"必须要再去看一看，它像横在"爱与孤独"中间的沟壑，若继续谈"爱的孤独"，"性的孤独"一定挡在前面。

我本人并不是性研究者，只能透过某些途径让你窥得一斑，依据就来自我对临床心理治疗经验的思考。（需解释一点，我所有的举例引用都经过了艺术加工，读者可能会找到自己的影子，但一定不是你，也不是我的某位具体来访者。）

若真想把"性"描述清楚，没几十万字是不行的。我随即又否定了这句话，我想，无论用多少字多少理论，都无法描述清晰。

"性"与"爱"一样，从人类诞生那刻起便形成了两条主要线索，把人生串联得精彩绝伦。

著名人类学家马林诺夫斯基说："自亚当和夏娃以来，性冲动就一直是绝大多数烦恼的根源。"

精神分析流派创始人弗洛伊德甚至以为"性本能冲动是人一切心理活动的内在动力"，所以"当这种能量积聚到一定程度就会造成机体的紧张，机体就要寻求途径释放能量"。

关于"性"我会想到太多，它关乎文化、道德伦理、历史发展，关乎价值观、世界观的演变这些大方向、大轮廓。

更会想到至今仍存在争议的方方面面，诸如：性取向、同性爱恋、童贞情结、恋物情结、多人性关系、作为商品的性、自慰、乱伦、性幻想、婚外的性、淫秽出版物、嫖妓、性用品的使用、无性婚姻、跨年代的性、性工作者等。

你若对它们感兴趣，推荐你读一读社会学家李银河的《李银河说性》，或读一下对李银河影响深远的法国思想家米歇尔·福柯的相关作品。他们分别从文化、法律、社会演变、性的历史发展、中西方差异、古代与现代的区别等宏观角度进行了阐述。

李银河把性划分了七种意义，分别是繁衍后代、表达情感、纯粹的肉体快乐、延年益寿、维持生计、建立和保持某种人际关系、表达权利关系。

02

我表示认同，但我首先想到的是一个三角：婚姻、爱情、性。

下面我们来做一个有趣的联想，把这个三角随意排列组合，直觉体会你的第一感觉。例如：

两个人有婚姻、无爱、也无性，那会怎样？你怎么看？

两个人无婚姻、无爱、有性，又会怎样？你怎么看？

再如：

有婚姻、有爱、无性，会怎样？

有婚姻、无爱、有性，会怎样？

无婚姻、有爱、无性，会怎样？

无婚姻、有爱、有性，会怎样？

你大可对每个组合思考几秒钟，并相信第一直觉。

通常"有婚姻、有爱、有性"会是多数人的追求。然而事实却令人沮丧。

因为婚姻是一种契约和条款，属法律范畴；性属于生理冲动，属本能范畴；爱则是人心的感觉与激情，属体验范畴。

它们压根不在同一个维度，本质并不是一回事儿。

之所以强行组成三角，是因为我们每个人都无法真正脱离道德而绝对遵循内心，更无法肆意发生性行为而不顾及心的感受——即便我们清楚人心不能用制度约束，制度只会增加道德感和应不应该的问题，解决不了内心真实想法。

因此，这个三角适用于世俗中的大众参考。这样的三角会变幻出无数的形状，时间、空间又是两个轴线，在此不再缠绕。

之所以让你思考会怎样的问题，是要引发你本人的体验，例如你接受吗？你遇见过吗？你经历过吗？你有怎样的困惑、冲突和纠结？你对别人这样又如何看待？为何这般看待？

这些思考和体验，不但触碰到你对性与爱、道德感的独特观点，还会激发你对性的一些自由联想，这些联想里面，包含着你个人独特的性价值观。

03

而我不在上述任何宏观范畴展开，仅仅想谈谈与本书相关的 "性的孤独"，这是"亲密关系里的孤独"极其隐形的表达，决不容忽视。

再次明确！"性的孤独感"指的是："在关系中，性行为不仅代表肉体需要，是内在某种情感需要以及满足这种需求的一切心理过程"，我把它称为"性的呼唤"。

"性表达"（性表达指的是对性行为的一切明示、暗示或想法）成了潜意识的语言，发出巨大的呼喊声，看有谁能读懂我们内在的这份情感需求。

李银河说："如果一个社会、一种文化重视人的自我，它就会重视性与爱；如果一个社会、一种文化轻视人的自我，它就会轻视性与爱。"

对于个人而言更是如此，重视"性表达"本身就是重视自我、重视孤独感、重视内在小孩最深处的情感需求。

除了生理需要本身，我把千变万化的"性表达"概括为三个部分：性宣泄、性征服、性测试。

04

性宣泄：作为缓解负面情绪张力过大的需要。

上文说的那位男士后来反思道："和我保持性关系的女性，都是在我情绪极度低落时才和她们做爱。"

这些"低落的情绪"包含对现实的一切不满：工作失意、事业挫败、被朋友误解、婚姻得不到亲密、被伴侣贬低中伤等。

他最先并没意识到这弥漫的焦虑，只觉得莫名愤怒、悲哀，继而就有很深的无力，恰如这世界只剩下他一人般的孤独落寞。它们像一座座大山令他不能呼吸，又如同内在熊熊燃烧的火球，灼伤着自我。

他想不到任何方式来证明自己是否还活着。

于是他选择同另一个人做爱、疯狂做爱。火球借由另一个人的身体释放，这最直接、最不需要解释。他坚信：最原始的身体交融会宣泄这一切！

"一切都平静了"的感觉正是他想要的，摆在他面前的不是情感与灵魂，而是肉欲与孤独。

有位女性说，"每次我和老公吵架、大打出手，最终是做爱让我们和解""做爱的过程就像一次深度吵架，诉说着对彼此的愤怒，同时也诉说自己又是多么离不开对方"。

这些负面情绪的背后，往往是对于"爱""亲密""依恋"的不可得。

此刻，性表达就是对依恋的需要，丝毫不做作，语言不及其万分之一。

还有诸如"寂寞""无聊""孤单"等感受，人们也往往采用"性"的方式加以排解，快速又有效。

寻找"精神伴侣"是那么可遇不可求，终其一生也或许不可得之，而身体的互相拥有就便利太多，会让孤单的人迅速不孤单，你在另一个同类生命那里，得到了活力与归属。

如古龙说:"爱似流星,与谁共,天涯一轮明月? 寂寞如雪,无人解,边城几度风情。"

05

性征服指的是:获得"征服感"和"掌控感"的需要。

很多时候,性象征某种权力。福柯说过:"性是没有任何一个权力能够忽视的资源。"可悲的是,至今很多人依然不知道性就是独属于你本人的权利,也是你的权力。

各种性关系中,总在隐晦表达这一点:

在动物界,某雄性和更多雌性交配意味着在族群中的至尊地位;在古代,帝王将相拥有更多妻妾则代表显赫与荣耀;在古希腊罗马时期,性就是权力的象征,当时的性伴侣不是男性和女性,而是统治者与被统治者,而无论对方是否同性别或儿童。

很多男士并不在乎"做爱过程",而是更在意"性的能力"。

仿佛这不是男欢女爱,而是一场赛事、一场角逐、一场战争。

这是一种豪迈的悲哀,是"男权主义"发展极端的结果,犹如荆轲刺秦王般的苍凉。

写到这儿,我想起了电影《古今大战秦俑情》中的一个片段:豪天放和韩冬儿做爱到高潮那一刻,正是巨大的"撞木"把城门撞开的那一刻,性爱变成了战争。

徐克导演的电影《七剑下天山》中,烽火连城与绿珠那段性爱简直是一种绝对的征服,双方都获得了最大的"成就"与"满足"。

相比较而言,女性在"性爱"中更倾向柔情,甚至许多女

性不在意自己是否有性高潮。（事实上多年以来女性性高潮真的被忽略，包括女性自身，这牵扯到文化和意识形态层面）

她们更在意男性的"性态度"，也就是更在意心理意义的满足，如"被重视""被宠爱""被欣赏""被疼惜"。

比起性高潮，女性更在意做爱之后，男性是否"抱着她谈心"，而非"死猪般睡去"。

换句话说，女性更喜欢"唯美"，男性更喜欢"刺激"。

如今，随着女性意识增强和女权呼声日高，在性体验中发生了诸多变化，许多女性开始觉醒，并突出表现在"性的主动性"上，也喜欢"刺激""野蛮""狂热"，甚至各种性爱游戏。

我以为，人的自主觉醒一定会在性中表达，还是最直接的表达，无论主动还是被动，不管男性还是女性。

也有越来越多的女性正在通过性来表达"征服"与"权力"。

影片《让子弹飞》中，刘嘉玲扮演的"县长夫人"很具代表性。她可以和县长做爱，可以和师爷做爱，也可以和土匪做爱，她说："我要的是县长夫人这位子，至于谁是县长，无所谓。"妩媚中透着霸气，妖艳中彰显权力欲望。

我的思考中，"性的征服"固然受社会文化影响，但不可忽视的是原生家庭影响和早年经历。

一位女士说，"好像我拥有更多上床的男人，让他们臣服，就拥有了话语权"，以此来反转"自己以往的体验"。因为在那种体验里，"女性只有用身体姿色才能得到男人的爱，而不是女性自身"。

"征服"更多男性，也许是她潜意识里的复仇计划吧。

这样的掌控感体现在各种"性细节"上：谁先提出来、该不该洗澡、是否采取避孕措施、在哪里做爱、时间如何安排、做爱的姿势、做爱后去哪里等等。

任何一处细节都充斥着权力较量，看谁的掌控感更强。

"必须要按我的习惯才行，否则我宁愿不做爱。"一位女士说。"她若在我上面，我会很屈辱。"一位男士也这样说。

我们对自身有多不可控，并对这不可控有多恐惧，就有多在意"性互动"中的主动，去反转那个"被动的自尊"。

还有种征服感与报复相关，方式就是"身体的背叛"。许多一夜情和短暂的性爱都如此，"既然你对我不忠，我也要让你尝尝背叛的滋味"。

这些念头有的心知肚明，有的存在于潜意识，有的在发生"性关系"后才恍然大悟。很多关系就此终止，因为目的已达成。

阿根廷影片《荒蛮故事》最荒诞的一幕发生在最后的婚礼上，新娘居然跑去楼顶与一位酒店厨子疯狂做爱，而她的丈夫目睹了这一切。新娘狂笑道："我要得到你的一切……"

故事是荒蛮的，却表达了内心复仇后那酣畅淋漓的快感。

这种"献出身体"的复仇充满了悲凉与无奈，"性"一旦成了"复仇之刀"，拿这把刀的人，可谓孤独至极。

第二节

性测试

01

现在你懂了，"性表达"绝不单纯代表性，更是一种"心理诉求"。当一种事物或现象不代表它自身时，就是孤独的。

上面讨论了性的两种心理需求："性宣泄"和"性征服"，我再来说一下"性测试"。

"性测试"是潜意识巧妙的伪装，是我在临床咨询中最常见的表达之一。它绝不代表性需求，而是代表隐含的爱需求、亲密需求、依恋需求。

之所以说是潜意识难以名状的、巧妙的"伪装"，基于当事人三种不可调和的心理冲突：

- 我以为我要的是"性"，其实我要的是"爱或被爱的感觉"；
- 若没发生性关系，我就觉得这不是爱或可信度很低；
- 若真发生了性关系，我一边感受到了满足，一边更会深深失望。

要命的是，当事人并不知道自己有这三种冲突，他们只是一遍又一遍地重复测试。

更要命的是，对方极少有人通过那种"充满诱惑的专业测试"，会把测试当真，以为他想要的真就是肉体关系。

这就是典型的"爱与性"的冲突。

我更想告诉你的是：反映内在需求的不是最终是否发生性关系和爱情，而是在追逐的过程之中，这才是最孤独的。

因为"真爱"好像永远只是一个幻觉，永远在前面、永远触手可及、又永远触碰不到。

02

你可能并不很理解，我用一个例子加以说明：

一位女性总想寻找"真爱"。她会敏感于能接触到的一切男性，会忍不住想要靠近男性，但又受道德谴责不会主动，当某位男士感受到了她潜意识的靠近，随即主动接触时，她又若即若离地暧昧，并高度敏感一切细节，诸如我的口红颜色对不对、鞋子是否合适、发型是否凌乱、那句话说得是否恰当、我该不该直视他的眼睛……

她的烦恼在于"对方如何看待自己"的背后其实是"我真不够好"。

这样过了一段时间就开始靠近交往，交往过程中她总在刻意回避什么，总担心对方"目的不纯"，所谓目的不纯往往就会和"性"有关，例如"他喜欢我，最终就是为了和我上床"。

令人不解的是，假若对方通过了测试，他就是那个"正人君子"，没有任何非分之想，自然得体又礼貌的时候，这位女士就会莫名其妙地"厌倦""厌烦",似乎这段交往味同嚼蜡,毫无新鲜感。

她还会一边处处装作不在意,一边有意无意地"引诱"。需要对方有一些性意味和肢体接触,各种忙活,反复体验这过程,纠结难当。

最终结果就是两种:

第一种,对方终于和她发生了性关系。她的内心往往是:"你看,男人这东西都一样,都用下半身思考,根本不存在什么爱情。"继而更失望,各种方式分手,我把其称之为"困惑重现",当初(早年)那种"百思不得其解"的困惑在如今重新上演了。

第二种,对方没和她发生性关系。随着时间推移,她会变得不耐烦,认为对方真对自己一点兴趣也没有,自己毫无魅力,继而开始各种挑剔而最终离去。

过段时间下一场恋情再次展开。我把它称作"再次测试",她以往经验体系里没有这一段,"一个人怎么可以不对我身体感兴趣就会爱我呢?"或者"我若不付出身体与性,怎配得到如此美好的恋情呢?"

以上恰恰说明了那披着"爱的外衣"的虚假感,也说明了披着"性的外衣"的孤独感。

03

我再沿着这性的孤独感往下说两点:

第一,这是好的过程。

当事人正在用潜意识强迫性重复某种模型，我不再称之为弗洛伊德说的"强迫性重复"，而称为"强迫性自我疗愈"。

看似痛苦的每重复一回，当事人就会"创伤再现"自我疗愈一回。感觉像把烦心事诉说一遍，即便是听者无意，说者也痛快了些许。这都是为了反转早年内心某种体验所必经之路。

仿佛潜意识那个内在孩子在说："你看，我相信最终能够改变自己那固执的想法，我是可以获得真爱的，而不是必须非要给对方提供什么报酬，不需要付出性和身体。"

第二，依据我本人的研究方向，这必须与早年经验相联系。

这就牵扯到形形色色的"性体验"，而且这些体验都和"爱与亲密"相关。

太多养育者以及身边之人都严重缺乏"自我意识"，他们会投射给孩子各种带有"性意味""性诱惑"的亲密感：

- 有位继父从小给女儿洗澡直到初中。
- 许多"叔叔""邻居"喜欢抚摸孩子的身体。
- 很多很多诱惑的语言和窥视。
- 各种的不分床和拥抱亲吻。
- 各种的不避讳孩子的亲昵行为和做爱。
- 各种谈性色变的恐慌和严令禁止的恐吓。
- 各种性教育的缺失和不作为。
- 这还不包括实质性的猥亵与性侵。

以上我把它们归类为"被虐待的内在小孩"之列，属于比身体虐待更严重的性虐待。

总之，这些不恰当的养育以性的形式表达出来，会给那个孩子内心造成程度不一的困扰，会形成很顽固的思维，至少有这三类感受：

- 我只有发展出某种"性接触"和"性需求"，才是被爱的；
- 我只有迎合对方的"性需求"，才是被爱的、被重视的；
- 我只有突破某种"性禁忌"，才是我自己。

在这些早年常态化的养育中，孩子变得相当孤独无助，因被爱与亲密是有条件的，且这种条件就是"献出身体或身体的一部分"。

更让孩子难以接受的是某些情境下自己的身体"居然有反应"，居然觉得兴奋、激动，甚至主动寻求充满性意味的亲密。

这里包含道不尽的羞耻感与罪恶感。若你是那个孩子，请一定告诉自己："这不是你的错！"

你的身体有反应是正常的，你主动寻求这感受也是人之常情，绝不代表你是肮脏的、堕落的、下贱的。相反，它在提示你要正视自己，要拥抱安抚那个无助的、被引诱的孩子，错的不是他！而是那个畜生！那个伪君子！

类似的话我曾与一些来访者讲过，他们不仅早年如此，现在也如此，更让他们难以接受的是，"加害者居然是专业人士"。

当一个人带着如此的模式进行改变时，会找到某些所谓的"心理咨询师"，而往往都是"异性咨询师"。

他们内在深处的渴望是，"我要探索自己，我要改变旧模式"，一切类似性诱惑的表达，都是在替潜意识呼唤："你要通过我的性测试，你要托住我的冲突，你要理解我的内在小孩，你不要再次伤害我！"

但总有魔鬼披着心理咨询师的外衣。

也许他也不知道自己就是那个给对方带来二次伤害的魔鬼。于是，这个叫"心理咨询师"的异性，重复了以前来访者养育人的做法，并没抵得住那个"小女孩"（或小男孩）的性诱惑，对其再次实施了性侵害。

对此，我深感痛心，唯一能做的是让他在我这里得到本应有的尊重，要做的是加以探索而不是加以行动。

04

再多说点，因为这牵扯到心理治疗一项最基本的伦理。

任何痛苦说白了就是两点：第一，我不知道我的痛苦在表达什么？第二，我知道了原因，但却依然痛苦。

心理咨询师、心理治疗师该怎么做呢？

第一个部分就是共同探索。

对成年人的心理治疗，最好的探索方式就是不停使用语言描述，用充满情感的、感受性的语言描述，而非使用理性的、逻辑分析性的语言描述，准确地说，后者不是描述内在体验，而是隔离内在体验。

描述什么呢？描述一切可能的细节，一切可能的发生。描述越多就发现越多，而这种描述又不是你一个人的遐想，而是同另一个人分享，你有表达痛苦细节的权力，并被允许，这本身就是"理解痛苦的最佳路径"。

第二个部分就是心理治疗师要懂得"使用自己"。

没有什么比"发生在你与他之间的故事"更真实的了。什么原生家庭、核心家庭都比不过你与他的关系纠葛。

你们虽然是某种"契约关系"（付费服务），但情感的真实性绝不只是契约，这"非真实的真实感"才是扭转旧有模式的有效体验。

所以，你不需要采取行动，只需要描述行动。前者是普通关系，后者才是治疗关系。

类似性行为、性幻想的细节描述和自由联想就是治疗关系；而你真去亲吻、抚摸和性交，就是普通关系，而且还是伤害性的普通关系。

05

这就是我想说的"性的孤独感"。这个主题还有太多未尽之言，如性幻想、性梦、自慰、乱伦欲望等。但也许留白才是结束这个话题最好的方式，给你留更多思考空间吧。

想送你一句话："性的部分表达得越多，其根源往往就越不是性，你无须过度挂碍与焦虑。"

我们的情感是何等孤独啊，我们的性表达又何等微妙曲折。成长需要更多地向信任者描述性，而不是利用性。

李银河说："在后现代的开放空间里，不少男女在性方面的过度挥霍造成了爱的贫乏，他们渴望拥有真正的爱情。"

是啊！性的过度使用，让我们来不及爱上，就匆匆分手。

第二章

婚姻里的孤独

第一节

婚姻关系的实质

01

"婚姻"这个话题庞大又复杂，我只取一瓢，那就是"婚姻里的孤独感"。

为了让思绪不那么飘逸，也为了让你自主决定是否继续读下去，我必须一开始就立场坚定、旗帜鲜明地表明如下态度：

- "婚姻关系"是一种契约关系。
- 婚姻只是你选择的生活方式之一。
- 婚姻里的孤独本质上是自由与规则的冲突。
- "婚姻"与"爱情"是截然不同的两个概念。
- 世界上根本不存在"婚外情"这回事，也就无所谓"出轨"与否。
- "一夫一妻制"是某个阶段性的历史产物。
- 婚姻关系是"友情"与"亲情"的混合，"爱情"占比很少。
- "婚姻里的孤独"是再正常不过的状态，几乎存在于每一对伴侣之间，有时就是常态。
- 婚姻绝不是爱情的坟墓，也不是爱情的延续，你别害怕，也别期待太高。
- 婚姻存在的意义是自我完善、自我成长。

若以上你绝不同意，那就一定是孤独的，而且连孤独感的缘由都不知晓，是稀里糊涂的孤独，而非明明白白的孤独。

也许你活在某种幻想里。例如：婚姻会让我们更相爱；我必须一生只爱一个人；我会终生被另一个人所爱；这个人要忠贞不渝；我们彼此相依永不分离；即使不表达，对方也知道我的需求并照顾我的感受……

这些幻想之所以根深蒂固，很大程度是受文化影响，载体是小说、童话、故事、影视作品、神话、传说。

那些美丽的公主与勇敢的王子在经历诸多磨难后，"终于走进了婚姻殿堂""从此，过上了幸福美满的生活"。这些"谎言"都在传递：婚姻是让爱情长相厮守的最终归宿；两个相爱的人只有结了婚才是爱情最完美的结局。

与此同时，我们又被"残缺幻想"吸引。

如同王子公主必须要经历苦难折磨才能在一起，否则就是不完美的。还有诸如多边恋情、单恋、相思、暗恋、虐恋、无法碰触、生死别离等，我们之所以心心念念，是因为内在有一个扭曲又顽固的声音：他们必须结合，否则就是痛苦。

幻想，让我们一次次憧憬着美好，一次次心存不灭的亲密之火，却又一次次失望和惆怅。

但是，幻想必须存在，因为这是我们活下去的唯一动力。这个悖论本身就是亲密关系的意义感。

拨开一切幻想，现实婚姻中我听到了这样的声音：

- 我们住在同一所房子里，在同一张饭桌吃饭，在同一张床上睡觉，可是，我们之间却形同陌路。

- 我们就像一起合租房子的租客。
- 我们除了养孩子，没有别的交集。
- 我们彼此厌倦着、嫌弃着、忍耐着、妥协着。
- 我们对彼此的身体早已不感兴趣，做爱就是筹备已久的任务。
- 我们除了做爱，平时根本不愿碰对方。
- 只有吵架让我觉得他还存在。
- 除了吵架我们都不怎么说话。
- 不知道他心里想什么，如同他也不感兴趣我想什么。
- 工作是我避免和他在一起最有用的法宝。
- 这些年，好像我根本不懂这个人。
- 我认为我没有用了，婚姻也就结束了。
- 不就过日子嘛，哪儿想那么多事儿。

......

这些话是否耳熟？是否让你更悲观？也许你也不知道，但现在就可以去思考：婚姻让两个人在一起的意义究竟在何方？

也许工作原因让我遇见的都是不幸的婚姻，但我深信他们是一面面镜子，折射出了婚姻里的孤独；也确信伴侣相爱只是一部分，还有一部分如上所述，在婚姻中孤独前行，只是程度各有不同。

02

那么，我们为何还要结婚呢？

结婚是一种选择，你当然可以选择不结婚；离婚也是一种选择，取决于你的自我评估。

我们来看看《圣经》中的婚姻观：

耶和华神说："那人独居不好，我要为他造一个配偶帮助他。"耶和华神把用土造成的各样走兽和空中飞鸟都带到那人面前，看他叫什么。那人怎样叫各样的活物，那就是它的名字。那人便给一切牲畜和空中飞鸟，野地走兽都起了名。只是那人没有遇见配偶帮助他。耶和华神使他沉睡，他就睡了。于是取下他的一条肋骨，又把肉合起来。耶和华神就用那人身上所取的肋骨，造成一个女人，领她到那人跟前。

那人说："这是我骨中的骨，肉中的肉，可以称她为女人，因为她是从男人身上取出来的。"因此，我们每个人都要离开父母与妻子结合，二人成为一体。当时夫妻二人赤身裸体，并不觉得羞耻。

上帝之所以创造婚姻，起初是为了让人们相伴而居，也许"孤独在上帝眼中是第一件糟糕的事情"。

耶和华神自己也没想到，原本是让两个人不再孤独，却恰恰创造了孤独的机会，悖论的是"我们用抵御孤独的方式孤独着"。

人们选择结婚开始是相似的，譬如：为了繁衍后代、为了爱情、为了不分开、为了亲密、为了分享、为了相互扶持、为了彼此照料、为了见证、为了让人生变得更加完整……

但没有一条理由是：为了孤独。

于是，一个必须要谈及的事实出现了：究竟是什么，让本该互相滋养的婚姻变成了孤独的载体？

倘若回答这千古一问，最终还是要回到细致的心理学，但在此之前我想先从大的面向粗略谈谈。

03

再次重申，婚姻是契约。

这份契约详细规定了甲乙（夫妻）双方的责权利，在法律层面表现为"《婚姻法》"，在道德层面表现为"忠诚"，在利益层面表现为"共赢"，在内心层面表现为"确定感"。

我随便从《婚姻法》中摘录了几条：

第二条　实行婚姻自由、一夫一妻、男女平等的婚姻制度。保护妇女、儿童和老人的合法权益。实行计划生育。

第十七条　夫妻在婚姻关系存续期间所得的下列财产，归夫妻共同所有：（一）工资、奖金；（二）生产、经营的收益；（三）知识产权的收益；（四）继承或赠与所得的财产，但本法第十八条第三项规定的除外；（五）其他应当归共同所有的财产。夫妻对共同所有的财产，有平等的处理权。

第二十条　夫妻有互相扶养的义务。一方不履行扶养义务时，需要扶养的一方，有要求对方付给扶养费的权利。

第二十一条　父母对子女有抚养教育的义务；子女对父母有赡养扶助的义务。父母不履行抚养义务时，未成年的或不能独立生活的子女，有要求父母付给抚养费的权利。子女不履行赡养义务时，无劳动能力的或生活困难的父母，有要求子女付给赡养费的权利。禁止溺婴、弃婴和其他残害婴儿的行为。

第四十六条　有下列情形之一，导致离婚的，无过错方有权请求损害赔偿：（一）重婚的；（二）有配偶者与他人同居的；（三）实施家庭暴力的；（四）虐待、遗弃家庭成员的。

当一对相爱的人准备结婚的时候，很少有人去在意他们正在签署一份法律协议（即便会有相关培训），且协议内容明确规定了双方的责任、义务、权力、社会关系、财产分配、繁衍后代、子女教育等，以及违反之后相应的处罚措施。

当要去在意这份"协议"时，多半正是他们第一次有了撕毁协议的想法，正处于婚姻危机之中。

仅仅是看这些条文本身就让人产生一种"甲乙双方感"，这与爱情、幸福毫不沾边。"协议"本身意味着"合作"，而合作的基础是"共赢"。

著名学者周国平说："婚姻中不存在一方单独幸福的可能。必须共赢，否则就会共输，这是婚姻游戏铁的法则。"

这对深陷爱情中的人来说简直残酷至极。

很多刚开始结婚的人，宁愿选择无视这份协议，以避免破坏那份美好。然而，事实的确如此。

婚姻从一开始就被法律限定了自由。

至于法律为何如此，那就是另一个故事范畴了。有人认为婚姻违背人性，束缚自由，败坏扼杀爱情，在本质上注定了不会幸福。也有人观点恰恰相反，认为正是婚姻让爱情变得稳定，因为在他们眼里，爱情是飘忽不定的，是一场没有结局的、短暂的美好。

04

在另一面的文化道德领域，很长时间包括现在依然憧憬：夫妻双方必须忠诚于彼此。

历史上，有太多文艺作品都在描述：那些忠诚与背叛、那些贞节牌坊、那些寡妇门前、那些欲望与惩罚、那些偷情与忠贞、那些被婚内婚外阻隔的爱情，冲击着一代又一代的人们。

我想说的是，冲击人们的不是"规则""不应该""忠诚"，也许是其反面的"突破""野性""叛逆与性"，是这二者所导致的冲突！而这冲突，每个人都有。

"规则"的成立需要被甲乙双方认可，若一方持怀疑态度，规则就已被破坏，即便表面还在合作。

还有，那些无法写入法律条文的、不能拿到桌面上的、不能堂而皇之见阳光的，我们给它取名为"潜规则"。有些潜规则人尽皆知变成了某种文化，譬如送礼、送红包、托熟人、随份子等，尽管意识有些莫名的"不自然"。

潜规则的本质是突破规则，"婚外情""一夜情"就是对婚姻这张协议的突破。

所以，你若想尝试突破规则给你带来的"爱的自由"，那就要承受突破规则带来的种种后果，譬如《婚姻法》的惩罚、内心道德层面的愧疚，以及其他经济、人际等利益的损失，这是理所当然的，也是自由所付出的必要代价。

人们可以通过结婚证书统计出全国有多少对"在编夫妻"，但绝对统计不出有多少对"编外夫妻"。就算有超能力知道有多少人"肉体出轨"，也无法统计有多少人"精神出轨"，如同无法知晓人们性幻想的对象有多少。

这也注定，你不知道有多少"婚姻中的孤独者"，除了他们自己。

05

婚姻还有一个特征，那就是内心的"确定感"。

结婚之人最初在意的绝不是《婚姻法》，而是确定感。"执子之手，与子偕老"是对婚姻确定感的期待，那一刻从未有人想过要离婚。

很多人不清楚（或是潜意识不相信）让他们白头到老的不是爱情的山盟海誓，而是婚姻的通力合作。在我看来漫长一生只爱一个人很难，和一个人待在婚姻中一辈子却不难。只是，这需要忍受孤独。

这份孤独恰恰来自"确定感"。

当一个人知道余生都会固定和同一个人吃饭、睡觉、逛街、生孩子、买菜、支付房贷、旅行……的时候，潜意识是很沮丧的，虽然有时也有琐碎的幸福。

同时，这个人又不可避免地会知道你的全部。例如，你的假牙、你的汗脚、你屁股上的痣、你的便秘、你睡觉打呼噜放屁；还有你的自私野蛮、你不堪的过往、你的父母其实不是你亲生父母等。

一切真相与谎言都会水落石出，爱情中那些所谓"你掉光了牙我会吻你的牙床"在此刻很容易被打脸。

而更确定的是彼此还要天天在一起，往后余生也如此。且不说柴米油盐给孩子换尿布这些事，单是这份确定感就十分可怕。

爱情之所以美丽，恰恰是由于"不确定感"：你们不知明天是否还能在一起；不晓得下一个雨天他还会不会送伞，顺便收到一大捧红玫瑰；不晓得你的需求是被拒绝还是满足；也不敢保证得到与失去、明天与意外哪一个先来……

所以，你就需要更多确定感。需要展示你的魅力与才华，需要发明更多吸引对方关注的小妙招，来增加"不确定中的确定"，如同孔雀的开屏、响尾蛇的舞蹈、变色龙那绚丽的皮肤。

爱情来自不确定到确定的过程之美，而婚姻则失去了这个机会。这又是一个悖论，我需要确定，但我又恐惧确定。

特别对没有安全感的人更是如此。许多找我的人，他们可以排队等候一两年，一旦和我确定见面就开始打退堂鼓，甚至不想要见面。他们被"遥远的思念"和"触不到的在一起"吸引着，如同部分爱情。

以上，就是我在相对较大轮廓下的描述。不得不说，无论确定感，还是《婚姻法》、忠诚与共赢，我都是在谈人性永恒的矛盾：规则与自由。

接下来我将深入其内部，从细节回答开始的那个问题："究竟是什么让婚姻中的我们彼此孤独？"这会牵扯到你更熟悉的模式，诸如依赖、控制、牺牲、沟通。

当然也会告诉你解决之道，故此对婚姻暂时的孤独，你不必过度恐慌。

沟通与不沟通

我要把你们带到一个语言表达毫无意义的地方。

——温尼科特

我们每天都在和对方讲话，实际上却是一个喃喃自语的哑巴。

——冰千里

01

婚姻最无奈的孤独感在于："我们天天在说话，却从未有过交集。"

写下这句话不免心生悲凉，这让我想到了语言的意义：

试想一个婴儿或一个原始人类，最开始学会使用语言，绝没有那么复杂，仅仅是向外传递信号，该信号一般只有两层含义：第一，分享自我感受（思想）；第二，表达一种需求。

他期待的是：第一，妈妈或同伴有所回馈；第二，满足这个需求。

这个过程，我称为"两个人最初的沟通"。

正常情况婴儿是幸运的，妈妈听到他那"咿咿呀呀"的声音、"哇哇哭"的声音、"咯咯笑"的声音，伸手抱起他来轻轻拍打着；

或把乳头放在他嘴边；或把他翻过身来换尿布；或微笑看着他、捏捏他的脸蛋、敲敲他的脑门、晃晃他的摇篮；或拿玩具来回摇动。

于是，婴儿满足了，妈妈也很欣慰，他们彼此满意。他们之间成功完成了一次沟通。

这个过程妈妈无须培训，母性本能让交流毫无障碍，妈妈也不使用任何语言，甚至很多时候，语言是多余的。

此刻我便感到了某种温暖，这温暖并不来自我写的字，而是一种想象层面被满足的感受，这感受也不需要语言。

由此，我得出了人与人交流的本质：那一刻，听我说话的那个人与我同在。

遗憾的是，婚姻中的两个人往往没有这个感受。亲密关系中的沟通变得太复杂了。语言不再是单纯传递信号，而不说话也变得诡计多端。

关于夫妻对话，《水浒传》里的"乌龙院"有很生动的描绘：

宋江看到路边一个老婆子牵着女儿要卖身葬父，立刻伸出援手，但他不愿乘人之危，娶女孩为妾，老婆子却说非娶不可，两人推来送去，宋江最后还是接受了。他买下乌龙院金屋藏娇，偶尔就去陪陪这个叫作惜娇的女孩。阎惜娇觉得自己这么年轻就跟了一个糟老头，又怕兮兮的，很不甘心……

一日，宋江去时，阎惜娇正在绣花，不理宋江，这让宋江好不尴尬，不知要做些什么，只能在那里走来走去，后来不得不找话，他就说："大姐啊，你手上拿着的是什么？"阎惜娇白了他一眼，觉得他很无聊，故意回他："杯子啊！"宋江说："明明是鞋子，你怎么说是杯子呢？"阎惜娇看着他："你明明知道，为什么要问？"

宋江又问："大姐，你白天都在做什么？"阎惜娇回答："我左手拿了一个蒜瓣，右手拿一杯凉水，我咬一口蒜瓣喝一口凉水，咬一口蒜瓣喝一口凉水，从东边走到西边，再从西边走到东边……"

关于这一段故事，蒋勋先生这样说："想想看，我们和家人、朋友之间，用了多少像这样的语言？有时候你其实不是想问什么，而是要打破一种孤独感或冷漠，就会用语言一直讲话。"

我十分认同，越来越多的夫妻正在过度使用这样的语言，甚至每一天、每一刻都在用。

如同宋江不会直接问"你怎么不理我""你对我有什么意见"，阎惜娇也不会直接把对这个人的嫌弃、恐惧、愤怒说出口，更不会把内心的无聊和空虚与宋江分享。

02

原本表达情感的语言却变成了情感的障碍！我们每天都在和对方讲话，实际上却是一个喃喃自语的哑巴。这是何等孤独！

特别当你并没意识到自己居然是"哑巴"的时候，连孤独也没了意义。你们就这样用敷衍掩饰尴尬，年复一年，直到真变成哑巴，连敷衍都懒得做。

"各说各话"是夫妻互动的常态，你们总在表达自己，并不关心对方说了什么，也不在乎自己说的对方是否能听进去。

久了，不说反倒更自在。

说什么有用而不尴尬，我认为最合适的莫过于说"孩子""孩子的一切"。

"孩子"成了一个话题，而不再是一个孩子。

借助"孩子话题"有诸多优点，例如避开了自身矛盾、进行权力较量，还可以委婉地避免发生冲突、争吵。

把对彼此的不满投注在第三方，大不了还有孩子兜底，不至于很没面子，你可以说"你行，那你来管""我不管了！看你有啥好办法""你从来都不管不问，就别瞎操心了""连作业你都辅导不了干啥吃的""他早上不是刚吃过吗你又喂"……

这是很多夫妻惯用伎俩，结果往往是：孩子"病"了。

过后你会觉得吵了白吵，更多愤怒委屈憋在心里出不来，觉得自己永远不会被理解、觉得对方是无耻之徒、蛮横之辈！也许还会伺机报复以牙还牙。

日子就这么一天天过来了，每次都是睡一觉、吃一顿、哭一场、花点钱来结束。

这个过程中的三方都很孤独。

03

其实道理都明白：因为我怕更大冲突呀，所以不能直接表达。我内心这些年的荒凉岂是一场沟通就能解决的，对彼此的不满岂是交流就能好的。我的心事他根本不懂，我也懒得让他去懂，那真的很累，所以，不如不说。——这就是"自我封闭的安全感"。

思考究竟怕的是什么，会碰触更大的不安全感，何必呢？还是如此不痛不痒吧。

看到了吧，婚姻就是被这样慢慢拖垮的，所谓"积怨太深不可解"。

也许你要反驳："过日子哪有真正交流，不都这样吗？"

我同意，因为真正的"沟通"的确很累：

第一，需要勇气。

你会发现长时间不交流很安全，一交流就会冒风险，需要自我暴露，让本该平静的生活起波澜，更需要对此负责，而负责本身就压力很大。

第二，需要消耗自身。

真正的交流需要"心平气和""彼此尊重""站在对方角度""全神贯注""认真倾听""没有评判"……每一项都很"耗神"。

这是心理治疗师、咨询师的工作，这属于付出和回报的老生常谈，这要舍弃自我部分价值观进入对方的价值体系，这需要你人格强大而包容，而这一切，想想都觉得累。

第三，需要克服尴尬。

要不你试试，"亲爱的，抽空我们谈谈吧""我们能不能坐下来好好聊一聊"，仅仅能够说出这句话本身就很不自在，像是要与陌生人谈判，而我们都那么"熟"了，"不好意思下手"。

第四，需要自我反思。

这更累，交流的目的绝不是让对方认可、臣服，而是自我改变，试问有几个人愿意如此？

你都不愿改变，交流天平从一开始就倾斜了。

04

以上四点让交流这事变成了奢望。悖论的是，你们却以为天天都在"交流"。

只不过，这些交流用某种极端的方式进行着。

它们的名字叫"指责""抱怨""唠叨""吼叫""羞辱""讥讽"；或者根本懒得使用语言，它们的名字叫"沉默""不理不睬""摔东西""不回家""对着干""拳打脚踢""离家出走"……

这些都是所谓的"暴力沟通"，也是夫妻最擅长的领域。暴力沟通使得夫妻间这点情分越来越少。

"指责与批评"是婚姻中最常见的，斯科特·派克指出：

"对别人提出批评，通常有两种方式：一种是仅凭直觉就坚信自己是正确的；另一种是经过反省，确认自己有可能正确。前一种方式给人高高在上的感觉，这很容易招致不满和怨恨。后一种方式给人谦逊而谨慎的印象，它需要批评者首先要自我完善，它通常不会产生破坏性的后果。"

这些"暴力沟通""冷暴力沟通"都有这样的特质：

- 你坚信：你是对的，对方是错的。
- 你要改变对方，而不是自己。
- 你把对方当作了附属品，而不是和你一样的人。
- 你只是在宣泄情绪，也在激惹对方。

- 你们潜意识"享受"这样的沟通。

关于最后一点我澄清下，心理学有个词汇叫"投射认同"，简单理解就是某种"开关效应"，"你一按开关,对方就会怎么样"或"对方一按开关，你就会怎么样"。

这个开关就是"彼此的痛处"。你们一起生活了这么多年，虽然不曾沟通过，但对彼此内心那点"脆弱"都了如指掌。戳对方哪里才会令他痛不欲生，闭着眼你就会做。

例如：

对方一唠叨你就怒火中烧

对方一批评孩子你就护着孩子

对方一吼叫你就出门

对方一管你你就偏偏不做

对方一喝酒你就提分手

对方一出差你就疑神疑鬼

对方一开口你就叫他闭嘴

对方一讨好你就嫌弃

对方一慢悠悠你就来气

对方一嬉皮笑脸你就莫名地厌恶

……

这就是对方摁了开关，反过来也一样。

这样的"开关"绝不限于夫妻之间，亲子之间更普遍。也许这就是你们家的常态，而你一边不满痛苦愤怒，一边又在不断重复着。

说是彼此"享受"是因为：若没了这些你们就真的什么都

没了。"鸡同鸭讲"之所以还存在，是因为至少还能讲。

之所以还不离婚，除现实（经济、孩子、他人）因素外，还在于你们的这份期待，或把这份期待投到了其他地方，譬如：婚外恋情、工作、宠物。

我以为，工作价值感高、爱好广泛的人更容易在婚姻中满足；婚外情在一定程度上也能促进夫妻感情，这也是值得深思之处。

05

到现在为止，我没有教你任何"沟通技巧"。如果你不满意，说明你没有参透本质，沟通的本质是"放下改变对方的执念"。

很多沟通课都在教你如何改变对方、如何让对方认可你的观点、如何左右对方想法——他们的出发点就错了，那些技巧都只不过是安慰剂而已。

不喜欢一个人，他干什么都是错的；喜欢一个人，他做什么你都欣赏。当然也包括沟通，你都嫌弃这个人了，沟通也就没了意义。

假设你还喜欢这个人，只是对他的某个阶段不理解、他的某些变化不接受、他的某些行为很费解，那沟通还是很有效的。

这个时候，我再教你几个"技巧"：

第一，听他把话说完。

我们都在讲话，却没有人在听——这是沟通的孤独本质。

所以，我们需要被听见，因为藏起来也许是一种美丽，但不被发现却是一个灾难。

"倾听"的力量有多大，相信每一位心理咨询师都有同感，有时仅仅让对方把话说完，就是一种治疗。若你会听，那就太好了，两个人的沟通，用心的往往是听的那个人，而不是说的那个人。

我从自己的咨询记录中摘了两小段笔记，分享给你：

- 她充满感情地、丰沛地诉说着与我的亲近，我紧紧盯着她的双眼，无比感动，内在被需要的温暖涌动着、涌动着，像是靠得很近很近的两颗心，以至于我的心开始发热、发烫，周围血液流动起来，仿佛能听到流动的声音，十分奇妙，但这又不是爱，而是一种发自内心的"亲切"，让我不舍得眨眼睛……我被感动了几次，眼泪一直在眼眶打转，那是一种欣慰、一种深深的理解、一种慈悲、一种对生命的悲悯，我无法抑制自己的泪水，感动于生命跳动的声音。

- 她边哭边说，渐渐地、渐渐地，她的声音开始模糊，我脑海中的画面却一而再再而三地清晰起来。是的，我看见了，我看见了那个小女孩，她就躲在一群黑影之中，显得那么渺小而可怜，充满怨恨又绝望，那些人形影子的手指变得又长又尖，诡异无比！它们的手指指向她，像是要给她戳一个窟窿，周围阴森可怖，我很伤心、胸口发堵、又怒火中烧！握紧拳头时刻准备冲向前去……我下意识摇了摇头，重新回来，再次听见了她的声音。

这就是我对来访者的"倾听"。

很多时候，我自己的一部分好像真的不存在了。我像无形的气体，进入了对方的身体。这是某种神秘体验，类似于共情的最高级别，虽然我们是独立的两个人，甚至屏幕外我和他相隔千里。

这也许是我本人的某种"天赋"（尽管十分消耗），很多其他咨询师可能不会同我这般，现实中的婚姻更无法做到这样的倾听。

我想说的是，你可以听不到对方的情感、情绪、潜意识的声音、未表达的声音，至少你要听他讲话的内容，总是可以的。

第二，不去评判对方。

第三，在你们没有矛盾的时候交流。

或在你们都很愉快的时候交流，这也是"枕边风"奏效的原因。

冲动的时候别轻易沟通，这样的沟通很容易让你做决定、行动化，有太多人是在一时冲动下选择了结婚、离婚、辞职。

所谓"冲动"，就是情绪失去了理性的控制，也许这时的决定遵从了内心，事后却会付出极大代价。

冲动会极度夸大情绪，一般怨恨可能演变为杀死对方或杀死自己；冲动也会让你眼中没了他人，只被自己的情绪淹没；冲动更会把自己推向进退两难的境地。

所以，冲动时可以写下对伴侣的种种"狠话"，但要克制把这狠话肆意释放。

第四，学会道歉与原谅。

先打破僵局的人不是认怂了、无能了、比对方低一等了，而是一种宽容，这需要承受对方贬低的压力。

道歉则是人格成熟的标志之一。前提是经过了反思，认为在某些地方真需要改进，道歉才具有意义，而不是为了维护假性亲密。

06

关于"沟通技巧"，还会有第五、第六、第七，一直到第一百，你可以去买相关书籍。

请记住，一切沟通技巧都是"术"，彼此的心是否还有一部分在一起才是"道"。

而在一起的感觉往往并不需要任何沟通，是一种"无声的温暖"而非"滔滔不绝的疏远"，如温尼科特说的："我以不交流来交流。"

最后，引用蒋勋先生一段话来结束这个话题：

当语言不具有沟通性时，语言才开始有沟通的可能。如同孤独才是不孤独的开始，当惧怕孤独而被孤独驱使着去找不孤独的原因时，才是最孤独的时候。同样地，当语言具有不可沟通性的时候，也就是语言不再是以习惯的模式出现，不再如机关枪、如炒豆子一样，而是一个声音，承载着不同的内容、不同的思想的时候，才是语言的本质。

相互控制

婚姻里的控制都是双向的，控制者同时也是被控制者。

——冰千里

01

　　曾有位女士在我面前谈话时会左顾右盼，一直在警惕什么，如同羚羊般总不能安心吃草，它们竖着耳朵、弓着身子、环顾四周、随时处于逃跑状态，深信狮群就在不远处。

　　有次她电话响起，上面显示"老公"字样，她立马抓起手机冲出咨询室打开窗户，轻柔又发颤地说："我在外面呢，一会儿就回去。"挂完电话她的脸涨得通红，肩膀也在微微颤抖，像犯错的孩子在等待惩罚。

　　我什么也没说，只是把椅子往她跟前靠了靠，我感到整个空间都弥漫着紧张气氛，那只老虎仿佛随时都会闯进咨询室，连同我一起吃掉。

　　而另一位女士却也好似老虎般地控制着她丈夫，小到对方出差住什么宾馆、吃什么、穿什么、喝什么水都要过问，并让老公随时视频汇报，她老公心惊胆战，生怕哪里做不到位会被吞掉。

可怕的是，这些细思极恐的控制都被赋予了"爱"与"关心"的名义，譬如"这都是为你身体好""你病了我们怎么办""你怎么那么不在意自己""我在乎你才这样""别人才懒得理你呢"等。

当控制者用自己构建起来的理论把自己放在了道德制高点上，被控制者就会在劫难逃，苦不堪言。

这样的控制被我称为"捆绑式控制"。

捆绑者十分顽固，他们确信自己就是对的，对方就该按他说的去做，否则就是不爱自己不爱孩子，就是冥顽不化、甚至有人品问题的。但他们却很少反思自己这套价值观就是对的吗？就是行得通的吗？

用自己的价值观去捆绑他人、评判他人、控制他人，是最大的恶行之一。

对伴侣都如此掌控的人，对孩子则更甚，于是伴侣潜意识会希望他把注意力都放在孩子那里，这样自己就会解脱，让孩子成为替罪羊。

控制者是孤独的。

因为对方永远都做不到他心里，永远都有缺点，永远都无法改变，自己就会永远抓狂、永远失望，永远孤独。

他们会说"我就这命了，注定事事操心"，认为一旦不操心，局面就失控，他们必须随时掌控一切够得到的地方。

那些控制里藏着失去控制后的恐惧与孤独，他不能松手，一松手，空虚就会将其淹没。

被控制者更是孤独的。

他应对的策略只有三条路，第一，逃避；第二，对抗；第三，顺从。

"对抗"往往会被更大地报复。会被贬得一无是处，还会被内疚折磨。由于某种原因，控制者总能击败你。因为控制者太怕了，他只能想尽一切办法击败你。

"顺从"的结果是压抑。

最终你妥协了，任何事都顺着他、迎合他。为了息事宁人、避免冲突，你不得不低头，并像羚羊一样高度警惕，时刻准备被评判。其代价除了孤独，还有焦虑，你总觉得"活得很窝囊"。除非集中爆发几次大冲突，否则很少有人能做到一直憋屈。

"逃避"可能是被控制者最大的福气了。就算牢房的犯人也会发展出逃避，哪怕在墙皮上划痕、在心中幻想。

"我已想出了无数种杀死他的方法。"一位高中生这样说道，但作为他的父亲，也许永远都不会知道，自己的控制是把双刃刀。

"逃避"就是闷热房间的新鲜空气，他们最擅长找借口离开。把精力放在没有生命的事情上是逃避最好的借口，工作首当其选，还有各类成瘾。

逃避者是最孤独的，因为心中的牢狱无处不在。

02

婚姻里的控制都是双向的，控制者同时也是被控制者，因为对方一旦不按他说的做，他也就被对方控制了。

对方变成了控制者，眼睁睁看着你抓狂、暴怒、歇斯底里。

因此，对方若想气死你太简单了，他只需要违背你的意愿即可。此时，被控制者成了隐形的控制者。有时，他仅仅是闭口不语就能掌控局面，手段简单有效。

我把这叫作"袖手旁观的控制者"。

此类控制很"阴险"。看起来他处在"弱势群体"，是被控制者、受害者，所以，他优先站在了道德的制高点。人们都说"看他多老实""他从来不发脾气，不管伴侣多么激惹他"。

婚姻中，男性往往是"袖手旁观的控制者"。

这也许是为了应对妻子的咄咄逼人发展出来的。若往更早期推，其原生家庭中往往有个更强势的养育者，或者彼此都很冷漠。

这样的控制不温不火、不痛不痒、不冷不热、不表态也不干涉，就这样温水煮青蛙般地把对方折磨得体无完肤，还有口难辩，因为"他并没做什么呀"。

"不作为"是最为隐形的控制。对方的热情、攻击、愤怒都像是一个人的争斗，这是一场没有对手的战争，孤独甚是可怜。

对此，斯科特·派克说道："夫妻双方要成就幸福美满的婚姻，也要敢于直面冲突和矛盾，彼此成为最好的批评者和建议者。冲突和批评如果恰当运用，就可以改进人际关系的进程，甚至改变所爱的人的一生。"

这就是我经常说的"吵架是一种深度沟通"。

第一，吵架是正常的，是一种激烈沟通，但别翻旧账。

"翻旧账"是一种记恨。记恨需要表达，如上篇文章所言"需要双方反思决定自我改变并在平静状态下翻旧账"，而不是在情绪失控下翻旧账，那只会让战争升级，并伤害感情。起码意识里要有这个觉知，"就事争论观点想法"才是"吵架式沟通"。

第二，"吵架"的意义在于吵架后的反思，而不是吵架的过程。

不要轻易打破该"反思"，要知道它来之不易，是用吵架换来的。一般地，争吵过后几天或几周是你面对自己的时段，需要经历各种个人的情感，如委屈、愤怒、悲伤、愧疚以及对过往的回忆。

这个过程被我称为"与内在小孩对话"，当珍惜这孤独。

其结果往往是得出某种领悟，"我们的关系看来只能这样了，彼此一部分是不能满足的""我需要加倍努力完善自己而不是指望他""今后我要克制情绪""下次我要这样怼他""是否考虑离婚或分手""是否换一种方式在一起"。

这都是在重新梳理关系，梳理当下、过去、未来的走向和注意事项，以及你的资源（诸如其他朋友关系、亲情、工作、孩子等），这难道不是成长吗？这难道不是沟通的意义吗？

第三，若你是吵架者的亲人或朋友，出于好心会去劝慰并设法让他们和好如初，岂不知你这份好心会阻碍他们反思，中断难得的孤独。

也许"劝合不劝分"是祖辈的传统，但这并不恰当，若你真为他们着想，请给他们孤独的时间吧。

03

值得注意的是，有一种"自闭"和"袖手旁观的控制"很像，也往往出现在男性身上。

在著名精神分析家霍妮看来，这是男人的"洞穴情结"（当然女性也有）。

她指出，这个洞穴就是男人的自我天地，它是男人精神世界的"隐蔽所"，也是男人退避与休憩的心灵圣殿。在这里，没有任何事情可以打扰到他，他会把问题反复斟酌与权衡，从而尽早获得解决。即便也会给伴侣带来诸多痛苦，也在所不惜。

在印第安传统中，如果一名勇士感到沮丧，就会静悄悄地退入自己的洞穴，没有人会跟随他，其他人懂得压力之下的男人需要一些时间独处，来考虑令他烦恼的问题。为此他告诫自己的妻子："如果你跟着进入洞穴，就会被洞里的火龙烧死。"不过，当勇士考虑好了，就会自然走出洞穴。

可见，男性在进入自己"洞穴"的时候，最好不要去打扰他，更不要强行把他从关闭状态中拉出来，因为这反倒会激惹他的阴暗面，无疑是自找麻烦。

这种"洞穴情结"和"不作为的控制"最大的区别就在于前者与他人无关，甚至妻子都意识不到他进入了"洞穴"。而后者则会使妻子感到被冷落而愤怒不已。

这种"洞穴情结"类似于温尼科特提到的"过渡空间"，是一个人通过想象的力量，创造性地改善自我。

我本人恰好如此。最痛苦的时候，我并不会向另外一个人求助，甚至连我的体验师都不会知晓，我会进入自己的世界，一个人疗伤，不被打扰是对我最基本的尊重，很像"闭关"。

04

最后提一种"牺牲型控制"。

这种控制是通过引发伴侣的内疚感进行的，对方总觉得自己亏欠于控制者。牺牲型控制多发生在亲子和伴侣之间。

那种感受很特别，你会真以为自己亏欠了他。

他总会弥散地透露他的"贡献"，若没有他，你们将陷入危机，你和孩子们将无法保障。

牺牲型控制会出现在经济上。

如果一位男士是家庭收入的主要贡献者，他很可能有种优越感。毕竟照看孩子、做家务和赚钱比起来效果太不明显，只有真金白银才会给家庭提供明显的利益。这个世界钱买不到的东西太少了，包括爱情。

也出现在社会地位上。

拥有权力的人天生具有支配欲，因为鞍前马后的迎合会让他过度膨胀，有一部分则会带入家庭成了炫耀的资本。时间久了伴侣就被控制，否则就面临被"解雇"风险，一旦违背内心就有愧疚。

一位女士道："自从他退休，我才觉得有个家的样子。"

"牺牲型控制者"传递的是"我一切都是为了你、为了孩子、为了家"，这话很有欺骗性，家庭中分工不同不意味着谁比谁低一等。

事实上，在每个人的内心，都觉得自己付出的多，都觉得对方应该感激自己。

造成这种局面也是一种"潜意识合谋"。

被操控者都有不同程度的"不配得感",不能坦然接受别人对自己的好,总觉得应该付出些什么才配得这份好、这份爱。久而久之,就会刺激对方想要邀功的欲望。

如同施受虐关系,受虐的一方只有不断被暴力对待才会拥有道德话语权,他们才可以从对方的自我谴责和道歉中得到补偿。

斯科特·派克指出:"她们(受虐者)遭受的耻辱与虐待越多,自感优越的心态就越强烈,也由此得到更多的情感'滋养'。她们不需要获得更多的善待,因为那样就失去了报复的前提。为使报复的动机更为合理,她们必须体验遭受伤害的感觉,使特殊的心理需求得以延续。"这份"报复"往往来自早年对养育者的恨,而不是爱。

自我牺牲既是一种控制,也是一种自我折磨、自我受虐。

第四节
消极依赖

01

"消极依赖"指的是：过分在意伴侣能为你做些什么，而不考虑自己能为对方付出多少。

"健康的依赖"则是一种互相依赖，我知道有些地方需要你来满足，也知道有些需求我会满足你。

在问及"当初你们为何结婚"时，有些人是这样回答的：

- 那时我病了，他每天都坚持来医院陪我，并给我送饭。
- 我刚和男朋友分手不久，心灰意冷的时候，他出现了。
- 我没钱租房子，是他给了我一笔钱，解决了我的燃眉之急。
- 是他让我们家庭走出困境，我父母至今都很感激他。
- 刚从农村出来一切都很陌生和别扭，是他给了我亲切感。
- 若没有他，我想我还在老家种地。

......

这些结婚理由如此简单，就是在他们最艰难时出现了这样一个人，像救命稻草把自己从悬崖边拉了回来。

甚至有人说："那时出现的若不是他，是另外一个人，我也会和他结婚的。"

还有一个显著特征：他们结婚的速度太快了，有的仅仅不到一周就领证了。

人在艰难的时候，往往分不清依赖与爱的差别。

于是，婚后种种生活迹象表明，"这人怎么变了""这个人真不是我当初认识的那个人""当时我太草率了"。

冲突过后，孤独感迎面袭来。

02

"消极依赖"的人特别在意伴侣的看法，在意对伴侣的情感寄托。好像一旦离开了对方，自己就活不下去，无论对方出差还是加班，都会觉得无依无靠，对方若对他不够耐心还会伤心至极。

这种依赖完全依据自己的感受，很难理解现实以及伴侣的感受。他们会因为一句话难过很久，也会因为一顿饭而沮丧，甚至大发雷霆。

他们好像在通过伴侣的认可来获得某种价值感。相反，对方的指责则被视为"不爱我"的导火索，觉得自己毫无价值。

他们想要把对方变成潜意识里的情感寄托，敏感于对方所有的关注和交际，就像是在对方身上安了一个监控，甚至真怀疑对方做了什么对不起他的事，并付之行动，如打电话清单、查外出记录、翻看通话信息，甚至跟踪调查。

他们总会找到一些蛛丝马迹来证明对方其实并没有那么爱他。

这是一种"寄生之爱"。

深嵌在对方身体里，少有自己的思想，对方的存在就是他的存在，对方的喜怒哀乐就是他的喜怒哀乐，离不开对方、黏着对方、猜忌对方、敏感对方。

一位男士说："我离不开我太太，就连上班我也愿在家办公，这样就可以每时每刻都能见到她了，我的应酬除非她也参加，否则我就不愿去。"

另一位女士也说："不知为何，先生每天下班我做的第一件事就是问他一天的工作，和谁在一起，都做了什么，只有这样我才踏实。"

也许我的描述有些严重，更多的则是程度没那么明显。

譬如在意对方的态度，在意对方和你打交道的方式，在意对方是否陪伴你，在意对方会否定你的想法，在意对方的决定。这都是"消极依赖"的表现。

还有种表现是"分工过于明确"，对对方在某个领域的依赖感极强，而自己却拒绝付出，缺乏灵活变通。

斯科特·派克说道：

在正常的婚姻关系中，夫妻之间应当有所分工（我插一句，这些分工是自然的、水到渠成的、彼此接受的，而非如同协议般签订的）。

例如，妻子负责下厨做饭、整理房间、出门购物和照顾孩子等；而丈夫则负责外出工作、赚钱养家、修剪草坪和修理家具等。

情感和睦的配偶，可以适当更换彼此的角色：男人可以偶尔做做饭、陪伴孩子玩耍、打扫房屋等，这些举动对于妻子而言，不啻为一份美好的礼物；同样，妻子也可以在丈夫生日当天，主动代替他去修剪草坪。

适当进行角色互换，就像是进行有趣的游戏，可以给生活增添更多的情趣，更可以减少对对方的依赖。它可以训练我们在没有伴侣的支持下，仍然正常生活，而不是突然间失去主张，不知所措。

对这番话我深感认同。这样做，不仅能让孩子对父母的角色有更深的认知，也会让彼此体会到对方的不易。每次你承担起烦琐而又无聊的家务时，都会更进一步理解妻子。

对全职妈妈而言，让她受不了的不仅是那些单调、重复、无聊、看不到显著成绩的家务，还有伴侣深以为然的依赖。

是他们觉得这些事就应该妻子来做，自己绝不插手。这种"大男子主义"真不少，就算油瓶倒了也不扶起来，再加上挑三拣四、否认和贬低，对妻子是最羞辱的打击。

这就是变相的消极依赖，似乎只有自己的事才是重要的，在另一些事情上，完全依赖伴侣，并熟视无睹地认为理所当然。

不能灵活转换夫妻角色，是一种很普遍的消极依赖。

03

有着消极依赖心理的原因可能来自早年爱的缺失，他们的经验体系里面没有得到过充分的关注与尊重，有的只是经常的抛弃与忽视。

很多时候他们孤独无助，因此潜意识认为自己不配得到别人的爱，于是只能依附他人，从他人那里证明自己是能够被爱的。然而事实却是他们将自己看作了他人的附属品，并时刻关注对方是否爱着自己。

在爱情里或许尚可，但若变成生活日常的婚姻，这份依赖就会受伤。对方的冷漠、逃避、厌烦会与日俱增，会再次让你品尝不被爱的滋味。

孤独也就在所难免。

琐碎与乏味

记得早先少年时

大家诚诚恳恳 说一句 是一句

清早上火车站 长街黑暗无行人

卖豆浆的小店冒着热气

从前的日色变得慢

车，马，邮件都慢

一生只够爱一个人

从前的锁也好看 钥匙精美有样子

你锁了 人家就懂了

——木心《从前慢》

01

当今婚姻生活中，早不见了木心先生描述的模样，那么慢，这么美。

即便卖豆浆的小店依然冒着热气，也挡不住拥挤的人潮，大家形态各异，疲于奔命。

有了孩子，从前的日子就远了。

网络的普及带来极大便利，同时也没了"间隙"。关系和生活需要一个间隙，这里面包含等待、思念、独处，也包含内观身心时的悠长体验，间隙给了一个人思考的空间，也给了这个人孤独的机会。

如今，间隙被填满了，甚至还不够。人与人只能互相介入，特别是伴侣和孩子之间。他们相互交织，我中有你，你中有我，彼此利用、亢奋、焦躁。

且不说工作中那些业绩考核、职务晋升、明抢暗夺，仅是孩子上学这件事就会让婚姻支离疲惫。

有孩子的都知道，各种接送、准备三餐、班级群的打卡、检查作业、陪伴阅读、各种被称作"社会实践"的作秀……都不会让你拥有属于自己的时间。

周末总好一些吧？不，周末比平常更匆忙。

辅导班此起彼伏，特长班占据着学校周边的街道与写字楼。有位妈妈告诉我，周末是她最忙的时候，俩孩子的文化课辅导（英语、作文、数学）、钢琴、美术、跆拳道、逻辑思维、舞蹈、书法……

"大家都在报课、都在学，我们也不能落后呀"，是的，每个家长都这么说。

真的，若不会统筹方法，还真不一定能把周末时间给对付过去。如何送完老大接老二？如何在接老二时买菜还不耽误接老大？成了父母们斗智斗勇的日常。

我常想，若把现代楼房全变成透明的，让每个家庭都一览无余，在北京时间 6：00-7：30 的每个早晨，你会看到一个不亚于万里长城的奇观：数以亿万计的家庭正在上演"集体战斗"。

锅碗瓢盆声、吼叫声、哭泣声、催促声混杂，组成了这个星球最大的交响乐。其中的主旋律往往就是那一声声"快快快"！而后便奔涌向各条街道，无数汽车喇叭开始参与进来，还混杂着校园广播的《弟子规》："父母呼，应勿缓；父母命，行勿懒；父母教，须敬听；父母责，须顺承……"

不知圣人看到两千五百年后这番场景，又做何感想？

还孤独？孤独什么？！一沾床就能睡着，枕边还播放着班级的视频会议。

琐碎、忙碌的家庭生活，让孤独成了奢望。

直到孩子考上了另一所城市的大学，婚姻中的两个人两鬓斑白，面面相觑，怅然若失。刚开始真正面对彼此，就已进入了空巢期。

偌大的国度，看起来那么完整无损的家庭，每个人却被时间切成了碎片，来不及孤独，就匆匆老去。

这岂不是一种更加悲壮的孤独！

02

沏一壶茶，窗外银杏叶缓缓落下，几只麻雀在上面蹦来跳去，炭上水壶"嘟嘟"冒着热气，黄狗在脚下懒洋洋躺着，收音机传来悠远的旋律，女人安静地坐在板凳上，目光轻柔，嘴唇微翘，时而起身瞥一眼挂钟，再把茶水倒掉，续上热水，再坐下——她在等待即将归来的丈夫。

"茶凉了，再给你续上"，丈夫刚进门，女人起身说道。等女人续完茶，男人坐下，端起茶杯，抿了一小口……

这样的场景，如今只能出现在屏幕上了。

我方写下这些字的片刻，顿觉到了另一个时空，时光随即慢下来。

就连我敲字也停顿了，不禁望向窗外，不远处，被雨淋过的操场上，一个班的学生排得整整齐齐喊着号子，更远处，还能若隐若现听到读书声。

我们再也无法体会等待一个人的滋味，那种期盼、遐想、甜蜜、苦涩，被思念翻来覆去地咀嚼回味，如同一出看不见的折子戏，在心中舒缓上演。

我们再也不用翻山越岭，只为去探望那个心心念念之人。甚至我们都无法等待一封情书，也不见拆封那片刻的忐忑。

此时只需拿起手机，天涯就在身边，思念了无踪影；丈夫没下班的时候，更无须什么等待，妻子被朋友圈和淘宝占据着，急匆匆打个电话则是一边免提一边拖地，还一边催着孩子快写作业。

就连上个厕所、等个红灯，我们都来不及，一些心理过程就这样永久消失了。

也都不再看书，那些高档书柜上摆满了杂物。也许只在午后的一瞬间、手机没电的刹那，你望着车水马龙和镜子中的自己，会偶尔自问：人活着，究竟是为了什么？

没了时间孤独，没了时间思考，也就没了时间幸福。

海桑有一首诗是这么说的：

一个朋友说："先挣钱吧

等生存问题解决了

再去读书，去写诗，去享受生活。"

然而不，怎么能呢

我一无所有的时候就开始了恋爱

我喝酒，我打架

我为了一个女人跑了两千里

为了一首诗，我几小时蹲在大门外

今天是今天的，让明天自己来找我

妻子说："先围着孩子转吧

等孩子长大了

你想做什么，就去做什么。"

然而不，怎么能呢

孩子会自己长大的

如果我等他长大，我就老了，我就死了

我就什么也做不了了

对不起，孩子并不比我更重要

正如我不比我父亲更重要

我们各人都是自己的

相互区别，相互爱着

03

昨日，一位医生朋友给我发了条视频，是冬天的海。

她说："宿醉过后，我决定请假，奔走 300 公里，一个人来看海。"

这么忙的人如何有时间？但我没问，也不必问，只是回复："真好，在世俗中我们都需要拥有一片心中的海。"她随即给我拍了带的两本书：《无关岁月》和《孤独是种大自在》。

亲密关系中纠缠的人们，需要的其实并不多，也就是一片海、两本书。

恰好也是昨日，一位读高中的学生同我分享了他的一篇作文，这文章写得真是精彩。

他写道："当我抬头望向天空，又是一片什么样的颜色。稀薄的云层中，包含着微波的一缕阳光，在不经意间悄然绽放。云，时刻变换着它的方向，在画板的中央，忽然散开，又忽然聚合，将那温暖的光，时隐时现。不知是用尽了笔墨，还是在此点上了光亮，云的轨迹渐渐消逝在浅蓝色的天空。只是一顿午餐的功夫，天空又恢复了它那原来的颜色，不加雕饰，淡淡的一抹浅蓝，竟叫人怀念起它那湛蓝模样，真是可悲。云，还在向着太阳靠拢，试图遮起它那耀眼的光辉。殊不知它照亮了一片土地，温暖了秋。天空黯淡了下来。云，用它余留的白墨，盖上了闪耀着温度的光。用它的躯体感受那光的温度，如碳烤般炙热。秋，又恢复了它以往的寒冷。"

一个学业繁忙的高中男孩，竟如此细腻地描绘天空！我想，除了心思细腻，他也是孤独的，只有孤独的人，才写得出如此敏感的文字。

这个历史时期，我不认为有任何职业要比高中学生更繁忙、更孤独。

而婚姻中的两个人，却看不到彼此的孤单，究其原因之一恰恰是琐碎日常。

当一个人没法拥有自己独立的时间，也就不可能拥有孤独、拥有亲密，至于自由，就更遥远了。

不是不想靠近，而是我们没时间靠近，就连做爱也要提前安排计划，如同目标清晰的工作，会让人心安，但也失去了原本的美。

难道真的没有时间吗？

谁也不敢深究，生怕万一有时间呢？那你们该怎么办？你们还要亲吻吗？还要手拉手逛公园吗？还要带一包纸巾去看爱情剧吗？得了吧，那都是年轻时才做的事！

你会发现，生活中的夫妻，都觉得自己老了，不管是 30 岁还是 40 岁、50 岁。

是岁月把人催老了吗？还是心中不再怀揣梦想？

我一直认为，世间事，唯有爱情与理想值得叫人去疯狂。

那么，爱情难道就不能是一种理想吗？或者理想难道就不可以是爱情吗？婚姻呢？那些琐碎的时刻，就不配拥有片刻甜蜜吗？是谁？是什么？阻隔了这一切？

04

近几年，我总在下午四五点钟去影院，那个时刻往往只有我一个人，连续的包场，成了我与剧中人戏里戏外的孤独。

每次发朋友圈都会招来羡慕，我真不确定，那些啧啧声的背后有几人是真心羡慕，还是认为像我们这样的中年人，不配拥有这宁静，不是应该接孩子辅导作业吗？至少也该在家帮帮忙啥的！

我的朋友圈，我的生活，对于身处忙碌琐碎婚姻中的同龄人而言，无疑是一个另类。

事实上，他们都已经不发朋友圈了。很多中年男人正在大批量地撤出朋友圈，除了偶尔晒一晒给孩子做的菜，转发一下党中央的重要指示。

我不知道每个人都在想什么，我想说的是，想什么、做什么都行，乏味细碎重复的婚姻生活中，你需要有那么一点态度。

需要偶尔记起少年时许下的诺言，偶尔梦见酒杯碰碎的声音里曾掺杂过梦想，也要偶尔去看看星空。

哪怕看完星空你接着给孩子换尿布呢，也是可以的。

倘若还能被一些事情感动、激动，说明你还是有梦想的，有梦想就会有爱，有爱就会绽放，即使生活把你的时间切成了无数片，爱也会透过那微弱的间隙闪闪发光。

有位中年母亲，每次接孩子都会在花店买束鲜花，回家插进花瓶，而她的丈夫也习惯每次下班第一件事就先闻一闻花香，这难道不是婚姻中的爱情吗？

就算你把玫瑰换成烧烤，那也是爱情。

因为，在琐碎婚姻生活中，你们彼此都没有忘记身边的小美好，正是这些给乏味的日子添了一抹色彩，这色彩独属于你们两个人，无关孩子，也无关日常。

是的！琐碎、平凡、孩子、工作、忙碌都是日常，但它们只能占据你的时间，没法占据你的心灵，你若有心，就会保持住哪怕一丝丝空间。

有了空间，婚姻中的另一个人才会走进来，爱也才有可能发生。

05

想起前不久我回大山深处的故乡。

某个午后，我行走在山坡的小径，脚下车前草东倒西歪，不远处几堆枯草垛间好像有人在冲我招手。我摘下耳机近前，看见一对我不认识的老两口，老汉憨憨地依偎着老婆婆，婆婆继续和我招手。我疑惑地看着她，尴尬地笑着。

婆婆满脸皱纹黝黑发亮，张开没牙的嘴唇笑呵呵道："来啊，来晒太阳啊！"阳光就洒在我身上，我却愣住了！

"什么，晒太阳？！"心中猛一颤，随即拿起手机刚要拍，却不知什么力量让我放弃了。

彼时，阳光、草垛、野花、依偎在一起的老两口，让我舍不得有任何叨扰，只是至今那句话还在回荡："来啊，来晒太阳啊！"

第六节

人格独立

关系就像一团熊熊烈火，明智的人通过与其保持恰当的距离来取暖，而不是像傻瓜那样靠得太近，灼伤自己，然后就逃离到寒冷的孤独中颤抖，大声抱怨那灼热的火苗。

——叔本华

01

关于婚姻，尽管还有些现象值得分析，譬如"家庭暴力""囚禁心理""离婚分居"等，但它们和孤独关系不大，还有"婚外情"我会放在爱情的部分描述。

那么，"婚姻中的孤独"就已基本描述完，最后要求完美的我不得不去回答也许是很多人一直关心的问题：

"那么，怎样做才能尽量缓解婚姻中的孤独感呢？"

如果你还没从之前的描述中找到答案，也许，今天我给你的回答并不会让你满意，除非你把自己沉静下来，用大脑和心所在的地方，细细品味。

我要告诉你的答案恰恰在这个问题本身：缓解婚姻中的孤独，最有效的途径，就是允许自己孤独，也允许对方孤独，并创造机会让彼此孤独。

这两种孤独是不一样的："婚姻里的孤独"指的是一种难过、失落或受困的情绪；而"允许自己孤独"指的是能够在对方那里保存自己的能力，指的是人格独立。

"保存"的意思是，最大限度维护自我边界，能够在日常相处中表达自己、展示自己、肯定自己，也能够在对方伤害你的时候自我保护，少为之所动，最大限度对自己负责。

这并不简单,需要你放下我一直在强调的执念:"改变对方"。

你要时刻保持清醒，对方和你一样，是一个独立的个体，而无论他的性格你多么不能接受，都改变不了他独立存在的事实。他同你一样，有着来自遗传、原生家庭和成长经历的影响。

因此，改变是他个人的事情，而想要改变他则是你的需要。你想让他和你更合拍，更按照你所想的样子发展，就要时刻警惕需要的合理性。

从本质来说，谁都没有权力要求对方活成自己想要的样子，那是违反自然天性的。

但我依然强调，你需要表达，这个悖论的依据是要遵从内心，而不必在意他人；与此同时，你就要冒一个大大的风险，因为你正处在被对方满足的位置上。

这给了对方三种不同回应的可能，第一，选择满足你；第二，选择不满足你；第三，假装满足你。

02

举个日常小例子：

例如，你想要对方多干家务、多帮忙带孩子、少指责你，那么你真实的处境就是：你认为做家务、带孩子是你的事情并很不甘心；你也正处在被动接受对方指责的境地。

你的自我表达没任何问题，因为你义正词严地传递了需要。

但是，对方是否满足你就充满了不确定感：

譬如，第一，他选择满足你。

"是的，你很辛苦，以后我会做家务、带孩子，并不再挑剔你"，他也真这么做了，这个答案皆大欢喜。

但要知晓，对方之所以如此是经过了大量反思和自我觉察，并决定自我改变，而绝非因为满足你的需求。他是在自我满足，也许他觉得这会给自己带来更稳定的家庭氛围、觉得以前的行为带来了诸多困扰等。

他选择自我改变在先，只是顺带满足了你。

第二，他选择不满足你。

他会说"我工作也很辛苦呀，就这点破事还抱怨""我不是在指责你，因为你做得确实不对"——他不但没满足你，还提出了他也需要被满足，而且还在继续指责。

这说明他保存了自己而拒绝了你。于他而言，同样没问题，是他不想改变，你的孤独于他而言不算什么困扰。

你若大吵大闹想要让他满足，就是不成熟的表现，算不上自我保存和独立；若继续委屈承受，说明你在自我压抑，也不算自我保存。

此刻，你应该庆幸，因为主动权到了你的手中，他也有需要被满足，那就是"需要你理解他的工作辛苦"。

这里就出现了一个"沟通"的条件，而你是在主动的位置上。

想办法满足他，再让他决定是否满足你，譬如你会说："是啊，你的收入对我们家庭来说很重要，在外面赚钱的确太难了。"——你保存自己同时给了他一个满足。

你猜对方会怎样？他往往也试图满足你，"是啊，家务活太琐碎了，我在外面不顺，不该冲你和孩子发火。"

这叫一次合格的沟通，可能没我说的这么直白，很多夫妻不擅长使用语言，也许他们会用行动来表达。

这就是我们挂在嘴边的相互理解，但真正做到十分困难。

日常，当对方有事没事就和你提及"咱们要互相理解"的时候，多半他是在说："我觉得你不够理解我，而我已经很理解你了。"潜意识在指责你："你是错的。"

第三点会更常见，之前也说过，是"不沟通的沟通"。

对方假装理解你并要满足你，是是是好好好，以后不这样了，或笑而不语，你得到的回应是"没有回应"或"对方依然如此"，他没有态度。

这才是最难办的，对方不愿和你沟通，装傻充愣敷衍你。

你若想维护自己则十分被动，唯一能做的是继续回归自身，反思后再作决定。是否时机不对？是否隔阂太深？是否没说清楚？是否彼此回避更大的冲突？——然后再决定进一步表达。

以上并不是在传授什么沟通技巧，而是让你明白一个底层逻辑：改变他人不但是徒劳的，还是被动的；而扭转局面的恰恰是你选择了自我改变。这就是自我保存、维护边界，同时也尊重了对方的独立性。

03

换句话说，如果你的人格不独立，就很容易把自己的一部分当作关系里的附属品，也会把对方的一部分当作你的附属品，潜意识在传递"你就应该改变自己来满足我"。这注定不会幸福，无论采用怎样的沟通技巧。

"人格独立"是一项系统成长，绝非单一学习，也许终生都在做这一件事，和年龄无关。

即便我本人也是如此。就算我拥有了诸多阅历，经过了大量受训，一直走在心灵成长的路上，且我本人就是一个心理从业者，但我依然觉得人格尚未完全独立，依然会被各种现实所困扰，依然在关系中探索。

别灰心，别以为"连心理咨询师都如此，那我的人格独立不就更困难了"？

告诉你两个事实：第一，若你也有这样的反思和觉察，就已经走在独立之路上了；第二，人格独立是有捷径的，那就是"关系里孤独的能力"。

真要意识到这个世界离了谁也能活，不是为了不再孤独而投身一段关系，正如斯科特·派克所言："因害怕孤独而选择婚姻，注定不会成就幸福的婚姻。"

我们统统都活在关系里，特别是婚姻、爱情、亲情、友情，但我们的内在必须产生这样的声音：

你我终将孤独，无论离开一段关系，还是丧失一段关系，这是迟早要发生的事情。

很多人因恐惧而避开这样的声音，或谎称会与对方永远在一起，或干脆避而不想、避而不谈，但凡如此，你就正在逃避孤独。

记住，真正让一个人孤独的是逃避孤独的过程，而非任何关系。

温尼科特曾说到一个人人都面临的困惑："生命是否值得度过？"

在这个哲学命题中，他明确指出：

"创造力是一个个体生活体验的一部分。"他继续道："要成为一个有创造力的人，必须有存在感，这个存在感是生命运作的基础。在某些时候，某人的活动虽然显示出这个人是活着的，但这些活动仅仅是对刺激做出的反应。一个人的一生都可能会建立在对刺激做出反应的模式上。拿掉刺激，这个人就没有生命力了。"

在我看来，"生命力""创造力"就是人格独立；而"刺激"对成年人而言就是工作和关系。

很多人退休后会不知所措；很多领导失去权力后会迅速衰老；很多人在破产、失恋、离婚、丧偶后会一病不起，甚至选择结束自己的生命——这都是刺激撤退后的应激反应。

那么，这个人就是没有生命力的。因为他的人格建立在刺激之上，而非属于他自己的。

其中，婚姻也许是最大的刺激源，温尼科特也有自己深刻的看法：

很明显，当两个人以婚姻这种密切和公开的纽带联系并生活在一起时，每个人都会通过另一个人拥有更全面的人生。但是，有些夫妻会发觉他们很别扭地把一些角色交给了对方。两人中总有一方发现他或她被卷入了一个过程，这个过程的最终结果就是一个人生活在实际上是由另一个人创造的世界当中。

对此，我以为这个人就失去了他的创造力和部分生命力，从而把自己的一部分或全部当作了附属品。他把自己的独立性交由对方保管，无疑是危险的，也就谈不上什么"人格独立"。

故此，温尼科特得出一个结论："两个人有多么不害怕离开彼此，就能有多大收获，如果他们害怕离开对方，他们就可能对另一半感到厌倦。这种厌倦可能就源于他们失去了那种有创造力的生活，那样的生活实质上还是来自个体，而不是伴侣关系，尽管伴侣是可以激发创造力的。"

04

我想你大概理解了，所谓"人格独立"是你自己的事情，而不是依附于任何关系，尽管有时候好的关系可以促进你的人格独立。

例如，我的童年尽管有诸多被抛弃感，但奶奶和母亲给予我的是某种自由，让我独立在自己的世界里，或者为了抵御"被抛弃"而发展出来的某种深刻的"孤独感"，即便是被动的。——这也许就是我看重孤独的最初模板，也是我追求人格独立最原初的驱动力吧。

由此，我无论身处任何关系，包括婚姻关系，都会保有我自身独立性，这一点也深深影响着我的孩子们。

在这里，又有一个新问题产生了：我们如何在试图不丧失独立性的前提下，接受外部现实？

我对此的答案是：度。

你绝不可能做到隔绝外界一切关系而独活，就算你隐居山林，也会有各种花花草草的生命，也会有你内心的关系网。因为你不是孙悟空，你必须借由一个人类子宫来到这个世界。

你做不到绝对自私，但我也反对那些大公无私。其中如何平衡？唯有"度"的把握。

而这个度的把握，就是你人格独立成熟的外部表现。

你会发现面对同一种关系，每个人的模式都不同。

几个月前，我有一对夫妻朋友分开了，他们给彼此留了思考空间，所以并没有离婚，而是分居。最近我分别见到了他们，却给我留下了完全不同的印象：

女性朋友脸色红润，精神清爽。她称自从丈夫搬出去这半年，她的生活更多姿多彩了，孩子们照料得井井有条，瑜伽、冥想课、和闺蜜旅行、制作各种美食，每一项都让她有种"重生感"。

她每次接完女儿回家路上都会买束鲜花，天天不重样。"这种自在很久都没有过了"，她告诉我，眼睛也带着笑。

而她的伴侣却不容乐观，面如菜色，胡子拉碴的很邋遢。我在公寓见他时屋子一团糟，一股发霉的味道弥漫着。看到他房间东倒西歪的酒瓶，我瞬间就明白了。东扯西扯一会儿，他才说到正题："这个，你去帮我劝劝我老婆吧，我觉得很孤单……"

我并没有去劝他的老婆，因为我不想去打扰另一个人的独立人格，我只是诸多感慨，面对同一段关系为何表现迥异？

是的，是因为人格！与关系无关，更与婚姻无关。

我再来回答这个问题：如何把握平衡的度？

三个次序：第一，满足自己，满足到你去满足他人的时候别不情愿；第二，满足他人的时候尊重对方这个人，而不是他的需要本身；第三，对自己不能满足他人时予以接纳，对不能完全满足自我时承担责任。这个责任就是要允许自己孤独一个阶段、孤独一个部分。

而现实是，无论你是否人格独立，是否把控好关系的度，孤独感都是必须面对的，由不得你，也由不得婚姻。

遇见能理解自己、接纳自己的伴侣极难，我甚至悲观地认为，这是没有的、不存在的。

因为我们让对方理解自己是无底线的，今天他理解了这一层，还有下一层、下一层的下一层，直到无条件接纳，而对方恰好也是这么想。

所以，婚姻中的孤独是常态，唯一要做的就是在孤独的时候不那么依附对方，否则就会被孤独吞噬。

而唯一幸运的就是对方在大是大非、在某个阶段能理解你的一部分，就足够了。

05

关于孤独，叔本华是这样建议的：

"我建议你养成这样的习惯：把部分孤独带入社会交往中，学会在人群中保持一定程度的孤独，不要立即说出自己的想法，也不要太过在意别人所说的话；勿对别人有太多的期待，无论是道德还是才智上；对于他人的看法，应加强锻炼自己无动于衷的冷漠态度和感觉——这是培养值得称道的宽容品质的一个最切实可靠的方法。如此，你和他的关系将是纯粹客观的。"

对于如何缓解婚姻中的孤独感，我想至此已经说明白了：允许自我独处、允许保持距离、完善自我人格独立性就是解决之道，你做到了多少，你们的婚姻质量就回馈你多少。

若还是持有怀疑，可能是你吃的苦头还不够，我将用纪伯伦这首著名诗歌结束这个篇章，而接下来，我会与你共同走进"求不可得的爱情所带来的孤独感"。

论婚姻

你们的结合要保留空隙，

让来自天堂的风在你们的空隙之间舞动。

爱一个人不等于用爱把对方束缚起来，

爱的最高境界就像你们灵魂两岸之间的一片流动的海洋。

倒满各自的酒杯，但不可共饮同一杯酒，

分享面包，但不吃同一片面包。

一起欢快地歌唱、舞蹈，但容许对方有独处的自由，

就像那琴弦，

虽然一起颤动，发出的却不是同一种音，

琴弦之间，你是你，我是我，彼此不相扰。

一定要把心扉向对方敞开，但并不是交给对方来保管，

因为唯有上帝之手，才能容纳你的心。

站在一起，却不可太过接近，

君不见，教堂的梁柱，它们各自分开耸立，却能支撑教堂不倒。

君不见，橡树与松柏，也不在彼此的阴影中成长。

第四章

孤独与
爱情

别离与失去（上）

这是"爱情与孤独"中的"失去篇"，我毫不犹豫地认为，这是孤独系列写得"最美"的文字，愿能与你共鸣，也愿你能好好爱一回。

锦瑟无端五十弦，一弦一柱思华年。

庄生晓梦迷蝴蝶，望帝春心托杜鹃。

沧海月明珠有泪，蓝田日暖玉生烟。

此情可待成追忆？只是当时已惘然。

——唐·李商隐

01

前几天，在我们小城最大的剧场，上演了由李宗盛歌曲改编的音乐剧《当爱已成往事》，我提前一周便订了票。

恰好我的孤独系列写到了"爱情与孤独"主题，或许冥冥中有天意，让李宗盛的音乐剧来开启本篇章的序曲吧。

喜欢他的人总说"每个人心里都住着一个李宗盛"，还有的说"年少不懂李宗盛，听懂已是不惑年"，其中满满的感伤与失落。

我想，每个人心中都曾经有过一份或几份爱恋，沉醉爱河之中时是那么激荡热烈、浪漫澎湃，忘却了世间一切烦恼，全世界只剩你与他，彼时彼刻你们合二为一，任何其他都是多余的存在！

也许那时你还年轻，那些美丽的爱恋青涩又纯粹，纯粹到自己居然完全不知道这就是爱，却又被完完全全占据，被美好温润着躁动的心，那是多么难忘的回忆啊！

是的，是回忆，因为此刻的你，俨然失去。

海明威曾说道："一个人无法同时拥有青春和对青春的感觉。"是说一个少年只是过着少年的生活，只有当这个少年成年后再次回忆青春时，才是真切的、复杂的、完整的。

而此刻，他却已经不再是当初的少年。

如同一句诗般的祝福："愿你漂泊半生，归来仍是少年。"不惑之年倘若还能拥有少年之心，是这个世界最美丽的存在。

爱情亦复如此。

热恋季节我们只能体会到一种感觉——"爱的感觉"。而只有另一种情景发生时，爱的感觉才更为立体饱满，那就是"失去"。

无论怎样类型的失去，你的那些相思之苦、那些柔肠百转、那些肝肠寸断、那些"此情可待成追忆"才会鲜活地浮现，爱情变得残缺，同时也变得完整。

倘若人到中年、老年，你依然心怀恋爱冲动，更是世间另一种美丽的存在。

02

这部李宗盛音乐剧的情节十分简单，简单到一句话就可以形容："那个我最深爱的人，因病离我而去。"

戏台上的青年演员表演娴熟，节奏到位，我却并不满意。可能他们还年轻，可能是我老了，我坚决以为他们演活了"在一起"，却没有诠释出"失去感"。

演员表演略显浮夸和轻率，生动有余而沧桑不足，爱的炽热有趣却少了那复杂的心酸感。

少了那些痛失所爱后的惆怅、悲烈、幽怨，也少了思念里决绝无奈的塌陷感，那割裂的痛楚与凄冷，还少了生无可恋却又饱含热泪踯躅前行的冲突感。

要不，你看看《领悟》里的歌词：

"啊！一段感情就此结束，啊！一颗心眼看要荒芜；我们的爱若是错误，愿你我没有白白受苦，若曾真心真意付出，就应该满足。啊！多么痛的领悟，你曾是我的全部，只是我回首来时路的每一步，都走得好孤独。"

若一个人没有真真切切爱过、失去过，又怎会懂得这里面的苍凉与酸楚呢？

即便如此，在《当爱已成往事》缓缓响起的时候，我还是落泪了，恍惚听见了林忆莲那复杂的哀愁：

"往事不要再提，人生已多风雨，纵然记忆抹不去，爱与恨都还在心里……"

片刻间我苦笑了一下，环顾剧场四周微弱的光，余光所到之处的情侣们都安静依偎着，十指紧扣。

此时，耳边又传来了另一首熟悉的歌："曾经真的以为人生就这样了，平静的心拒绝再有浪潮，斩了千次的情丝却断不了，百转千折它将我围绕……"

这首歌一下子把我拉回了少年，清晰记得，第一次听还是20世纪90年代初，这首歌正是黄日华、周海媚主演爱情剧的主题曲。

你看，每个人心头都藏着几首歌，那些曲子在当年也就是曲子，如同那些人。而多年以后的某天再次响起时，它们便不再是曲子，而是逝去的青春与爱恋："往事竟不可得，你奈人生何？"

但凡孤独，都深藏美丽。只是世人难得一窥。

而孤独又是绝对的，谁又不是一个人来一个人死呢？一个人出现在这苍茫宇宙根本毫无意义，甚至连同宇宙本身也毫无意义。

于是，为了抵御这终极的孤独感，才有了亲密与爱恋，才有了梦想与创造，也才有了抑郁与哀伤。

其中我不止一次地深信：唯有爱情与理想，才是缓解这终极之苦的最有效的保护，爱情是关系的最高级别，理想则是信仰的代名词。

所以，失去了爱与理想，人就如同没了灵魂的肉体，只是在追求世俗欲望：性欲、名利欲、口腹之欲。如浑浑噩噩的小动物，终生疲于奔命却惶惶不知所以然。

"痛失我爱"之后的孤独与爱的浓烈度成正比，若想描述"失去爱恋的孤独感"，又怎能不先去看看爱恋本来甜美的面目呢？

03

最近在读一本民国爱情的书《世事如书，我只爱你这一句》（作者：特立独行的猪先生。本章节关于民国爱情举的例子部分来自这本书）。

所谓"乱世出英雄"，当然也出"才子与佳人"，尽管乱世很快就会被某个政党一统天下，而这短短的光景竟也涌现出了如群星般璀璨的人物，他们不可避免地要流传百世，连同他们的历史时代，譬如古代的战国、三国，以及近代的民国。

民国是一个风韵十足的时代，文人雅士与才女名媛如百花绽放，鲁迅、沈从文、胡适、徐志摩、林语堂、梁思成、钱钟书、林徽因、张爱玲、杨绛、冰心、萧红、张兆和……

独特的时代背景赋予了他们复杂的人格特质，独特而有魅力，这鲜明的气质除造就了他们在文学、艺术、科学等领域的巨大成就外，也演绎了无数美轮美奂的爱情故事。

如果想描述爱情的美好，借由他们为例再合适不过了。

读《世事如书，我只爱你这一句》这本书的时候，我看到了下面这些美丽的"情话"：

- 醒来觉得甚是爱你，这两天我很快活，而且骄傲。你这个人，有点太不可怕。尤其是，一点也不莫名其妙。

- 我不是诗人，否则一定要做一些可爱的梦，为着你的缘故，我多么愿意自己是一个诗人，只是为了你的缘故。

- 但愿来生我们终日在一起，每天每天从早晨口角到深夜，恨不得大家走开。

- 我只愿意凭着这一点灵感的相通，时时带给彼此以慰藉，像流星的光辉，照耀我疲惫的梦寐，永远存一个安慰，纵然在别离的时候。

以上是民国著名翻译家朱生豪（莎士比亚作品译者）在追求宋清如时的情话，你们听听，字字句句是多么真挚热烈又诙谐啊。

只有在深爱一个人的时候，才会涌出这等温暖与痴迷，才会思如泉涌又智慧敏感。

至今在浙江嘉兴，朱生豪与宋清如的雕塑基座上，依然保留着一句情话："要是我们两人一同在雨声里做梦，那意境是如何不同，或者一同在雨声里失眠，那也是何等有味。"

再看看风流才子沈从文写给民国才女张兆和的情书：

我总是爱你，你总是不爱我，能够这样也仍然是很好的事。我若快乐一点便可以使你不负疚，以后总是极力去学做一个快乐的人的。

每次见到你，我心上就发生一种哀愁，在感觉上总不免有全部生命奉献而无所取偿的奴性自觉，人格完全失去，自尊也消失无余。明明白白从此中得到是一种痛苦，却也极珍视这痛苦来源。

是啊，情之所至之处，就是人格失去之时，什么自尊和脸面都不要了，甘愿为奴的一种内心体验，且"极珍视这痛苦"。

如同张爱玲与胡兰成交往初期，张爱玲寄语："见了他，她变得很低很低，低到尘埃里，但她心里是欢喜的，从尘埃里开出花来。"

又如同热恋中徐志摩给陆小曼的信："……你应当知道我是怎样地爱你，你占有了我的爱，我的灵，我的肉，我的整个儿！"

此刻我并不关注人格，也不去分析什么人格大于关系，我们难道就不能看到爱恋的魔力吗？

就不能让自己埋葬在被烈焰熔化的深情中吗？

即便将来这就是导致孤独之所在，也要在此时品尝爱之甘霖。

李银河所言极是：当爱情发生时，人处在一种诗意盎然的心境之中，心浸泡在美好愉悦的感觉之中。当爱情得到回应之时，人真的能够感觉到天变得更蓝，草变得更绿，花变得更加明艳起来。这几乎不再是一种心理的感觉，而是生理的感觉。这感觉给人带来的愉悦真是无与伦比。

而当这份爱情得不到回应时，泪水时时在心中汹涌，像山洪暴发时遇到堤坝，随时都会决口而去。但即使是得不到回应的爱，心中的苦涩与甜蜜也是一半一半的，或者干脆是搅拌在一起的，甜中有苦，苦中有甜。

像烈酒，像蜂蜜，像黑咖啡，像浓茶，唯独不像白开水。而在有浓茶烈酒的时候，谁还愿意去喝杯白开水呢？这就是为什么人们宁愿陷入无望的单恋，忍受相思的折磨，细细品味其中的苦涩与甜蜜，也不愿过平淡无爱的生活，就像飞蛾投火一般。

这就是爱的魔力，深陷其中的人们宁愿把自己丢到一旁，也要去投身那美妙绝伦的亲密，去品尝那身心俱化的滋味。

就算我们都知道，世间爱恋之浪漫与激情，绝不长久拥有。

如同我曾经的一位来访者所言：

那时，我们很近很近很近，心与心，身体与身体，就好像用意识和身体在同时做爱。那是少女的感觉，是遐想，是全能，是那种"情感被充盈"的"战栗感"。每一寸肌肤都在渴望、打开、爱抚、颤抖，爱的感觉甚至远远超过了性高潮，新奇、刺激、不顾一切、极度融合、进入、粉身碎骨！

04

与这种"炽热之爱"同等美好的是"青涩之恋"。

几个月前的某个夜晚，天很闷热，我像往常一样漫步街头。

突然一阵孤独袭来，我并不了解那孤独是什么，却像晚风一样缓慢悠长不间断，为摆脱这惆怅之孤单，我走进了一家大型商场。

人在孤独难耐之时，会本能用人群作掩护。

商场三楼刚开了一家电子游戏厅，不知为何还保留了我那个年代的《三国志》与《拳皇》。也许老板是同龄人？也许为像我这样的中年大叔保留了一份青春回忆？

我不晓得。

只是收费不再像原先那般便宜，必须要买100块钱的游戏币才可以玩。我坐在《三国志》的机器前怅然若失，玩了几局觉得没劲，早没了原先的激情，便起身四处闲逛。

周围"劲舞团"和"捕鱼游戏"不绝于耳，太过聒噪。

这时，刚进门的一对穿校服的小朋友引起了我的注意，"太好了，太好了，我要玩！"女生面目清秀，声音很脆。男孩憨憨厚厚地回笑，毫不犹豫道："好。"

我断定他们是大一新生，附近刚好有个职业学校。

两人走到售币处。

"来10个币。"男孩道。

"对不起，最少要买100块钱的。"服务员头也没抬。

"哦。"男孩面露难色。

"算了算了，咱去别的地方玩吧。"女孩很知趣。

男孩沉默，只见他嘴唇紧咬，皱着眉，额头竟也渗出一层小汗珠，朴实的脸涨得更红了。

"哦，不，你等等我。"男孩说完径自走向楼梯口。

我也鬼使神差跟了过去，打开一扇门便是冰冷昏暗的步行楼道，我借着抽烟的幌子在不远处摆弄手机。

他在打电话借钱。

尽管声音很小，我还是听见了。几番局促志忑过后，男孩低下了头，顷刻间，顿感阵阵失望，也许他寝室同学也不富裕吧，我脑补。

男孩一会儿来回踱步，一会儿又朝暗处怔怔发呆。几分钟后，男孩准备要放弃了，他开始往回走。

"等等！"我突然快速走到他跟前，拿出装满所有游戏币的塑料盒，一股脑儿塞给他。

他惊愕地望着我，像是刚发现我的存在，对我的举动大惑不解。

"我着急赶火车，拿着吧！"谎言很及时，说完我顺着楼梯急匆匆离开了。

我能想到接下来的那个夜晚，男孩陪着他心爱的姑娘，玩着她最喜欢的游戏，姑娘咯咯的笑声将是那晚最动人的旋律。

我不知道多年以后那个少年如何回忆那晚，如何回忆那个莫名其妙又好心的陌生人。但我知道，那晚属于那晚，也是属于他们的那晚。

走出商场，晚风依旧，一轮月亮升起来，我的孤独莫名消散了，心情很好，一路向北漫步而去。

05

写到此，我想起了《大话西游》结尾处那段我特喜欢的情节：

五百年后，落日黄昏，边塞大漠，寒风凌厉。破旧的城墙之上，武士与侠女两人就这么僵持着。

谁都看得出他们深爱彼此，武士却在用语言隔离这份情感：

夕阳武士：看来我不应该来。

无名侠女：现在才知道太晚了。

夕阳武士：留下点回忆行不行啊？

无名侠女：我不要回忆，要的话留下你的人。

夕阳武士：这样子只是得到我的肉体，并不能得到我的灵魂。我已经有爱人了，我们不会有结果的。你让我走吧。

无名侠女：好，我让你走，不过临走前你要亲我一下。

夕阳武士：怎么说我也是夕阳武士，你叫我亲我就亲，那我的形象不是全毁了。

无名侠女：你说谎，你不敢亲我，是因为你还爱我。我告诉你，如果你这次拒绝，你会后悔一辈子的。

夕阳武士：后悔我也不会亲，只能怪相逢恨晚，造化弄人。

台下人头攒动、嘘声四起，去西天路上的孙悟空也夹杂在人群中间。

恍惚间，孙悟空用法术进入了夕阳武士体内，缓缓走近心爱的女人，然后让他做了自己想做却又不敢做的事，他们终于热烈地吻在了一起，久久不愿分开。

相拥而泣的夕阳武士和爱人看着台下扛着金箍棒、举止奇怪的孙悟空，女人指着孙悟空，说："那个人的样子好怪。"

夕阳武士看了一眼，笑着对女人说："他好像一条狗。"

悟空转身，长舒一口气，看了看天空，无奈又落寞。他把金箍棒横在肩上，一副玩世不恭的样子，随即扬长而去，消散在人群，踏上了漫漫取经之路。

也许只有悟空自己清楚，那个夕阳武士就是五百年前的至尊宝，也是一千年前的自己，而那个无名侠女正是自己深爱又一再失去的红颜恋人——紫霞仙子。

他用了一千年，完成了那个未了夙愿，也完成了一个男孩到男人成熟的转变。

然而，成熟真的好吗？

如同孙悟空，失去了作为至尊宝的自己，失去了那些天真烂漫、那些无厘头的恶搞、那些纯粹的爱与恨、那些荡气回肠的恋情，剩下的也只不过去取经而已。

这像极了很多成年人，再也没有了年少激情与青涩纯情，有的只是日复一日的劳作、琐碎、生活，曾经的梦想与恋人，只不过是另一个时空中的另一些故事，仿佛自己从未经历。

如张爱玲在《半生缘》里所说："我们已经回不去了。"

经历过成长的痛与苦涩，人就会变得成熟、世故，就会夹起尾巴，低下脑袋，也就变成了"狗"。

06

说实话，我感恩遇见的每一位来访者，他们借由我获得本该就有的心灵成长，我也期盼着与他们的每次遇见。

在他们身上，总会或多或少寻见我自身的影子。下面就是一位来访者曾经写的诗歌，此时，我觉得放在这里，十分妥帖：

路过只为遇见

那一世
你是那边塞城楼远眺的女子
羌笛声无　风已满袖
西出阳关的少年
在漫天黄沙里策马扬鞭

那一世
你是那青黛描蛾眉
菱花红缀额　翘首以盼
待入壁画的娇娘
只为有后人欣赏　鲜活容颜

那一世
你是那叫米薇的女子
辗转难眠的夜
一纸思君的信笺
而他却终未出现

这一世
也许已经成百上千年
沧海变桑田
孤独与荒芜如荒漠里的流沙

斗转星移你又重现

物已入黄土 事已满书笺
而你累生累世未被看见的情
只为等待 等待拨开那层黄沙

那一眼 已千年
那千年 一瞬间

别离与失去（下）

人生若只如初见，何事秋风悲画扇。

等闲变却故人心，却道故人心易变。

——纳兰性德

爱的别离，让那份情刻骨铭心

爱的别离，让孤独变得凄美

爱的别离，让相思有了去处

爱的别离，让世人继续找寻真爱

——冰千里

01

上文的"青涩之爱"，其实还没说完。

在多数人的观念中，恋爱总与青春、少年连在一起，仅是这样就足可以赋予恋爱最动人的遐思，人们总是愿寄希望于那些激扬的年华。

曾经你我都是少男少女，都在情窦初开时偷偷喜欢过一个人。那些脸红与心跳，那偷偷瞄上几眼的羞涩，那笨拙可爱的借口，谁又没有过呢？

还有那失眠的日子、充满心事的日记、鸿雁传书的纸条、心惊胆战的落荒而逃，以及莫名其妙的吃醋和种种没来由的结束……

都充满了憧憬、新奇、忐忑、害羞、渴望、激动 ——"这真是一趟奇妙之旅呀"每每来访者有此感受，我总是羡慕地说。

感谢我的职业，能让我在别人的故事中邂逅遥远的回忆。

多数被时光冲散的你我，对年轻时的爱恋不愿回忆，或彻底忘记。而记忆闸门一旦被打开，我们都会被苦涩甜蜜填满。

青春恋歌是属于本能的。

所谓本能，就是非外力能消除的力量，例如饿了就要寻找食物，情欲也是如此。它不在乎是公立学校、私立学校还是军事化学校，也不在乎是三国、民国还是如今，更不在乎哪个国籍和民族。

规则制度管理的永远是身体，管不住的是人心。

最近，有一高中生称，他所在的学校规定男女生并排走路距离要在 2 米以上；还规定所有女生要去二楼就餐，而男生全部在一楼——你看，真就有人这么变态。

在此，我不愿费笔墨描述什么破规定，我只谈美丽。

越禁止的突破，越美丽。

这男孩班级就有好几对小情侣，每每晚自习后就挽手漫步在回家的路上，说这些的时候，少年很得意。

而相反，多年后的同学聚会是多么俗不可耐啊。

那个你偷偷喜欢过的男孩女孩，庸俗地颠覆了你的三观和回忆，在别人心中，你亦如此。

属于青春的爱情，只属于青春，无论情不情愿，爱就此错过。

因此，多数同学聚会，一切狂欢都是寒暄，最深处的是孤单。

这不仅是爱恋的错过，还有成长的错过，老去的错过，世事变迁的错过。

如北岛所言："那时我们有梦，关于文学，关于爱情，关于穿越世界的旅行。如今我们深夜饮酒，杯子碰在一起，都是梦碎的声音。"

即便如此，聚会必备话题就是调侃曾经朦胧的爱恋，哪怕30年、50年后也是重头戏，"那些年你喜欢的那个TA如何如何"？

调侃背后，是人们对流年易逝的感伤，只不过，谁也不点破。

因为，凡与青春沾边的爱，都是上天赐予的甘露，即便错过也会滋养余生。在梦里，你会再次踏上白衣飘飘的年代，去寻觅早已别离的心上人。

我们太想抓住美好、挽留美好，因此美好就越发短暂。

我深信，每个成年人内心深处，都有一个错过或失去的人。"君生我未生，我生君已老"。

02

关于"爱的失去"有着难以言说的过程。把复杂过程简单化，再把简单化了的东西四处炫耀，就变了味道。

关于爱情的部分，理性会让你迷失，感性则会让你的心被触到、疼了、慌了。

你们成了世上最熟悉的陌生人，甚至此生不复相见。这足以令人动容、唏嘘，却又无法回头，也不能回头。有时会成为秘密，随着主体的离开，一同葬进坟墓。

也许只有遗憾才会保有纯真，真在一起就是另一番景象。

张爱玲在小说《留情》结尾处道："生在这世上，没有一样感情不是千疮百孔的，然而敦凤与米先生在回家的路上还是相爱着。"

所谓的完美只存在于剧情里。因为不美，我们才会去苦苦追寻；因为不美，让我们知道还有一种东西叫作希望。

是的，激情与浪漫之爱不能持久。

李银河说："激情像火，柔情似水。火熊熊燃烧，但无法持久；水涓涓流淌，可无限绵延。在一桩有爱的婚姻当中，激情往往只是开局，在婚后的日常生活中，激情转化为柔情，爱情变成亲情，因此才能长久绵延，才能不断不绝。"

是啊，"也许爱不是热情，也不是怀念，不过是岁月，年深月久成了生活的一部分。"

我没理由不同意。

婚后浪漫绝非常态，浪漫无法转变为柔情就是孤独的；若彼此都不能给予那就彼此孤独，或与婚外另一个人产生爱恋。

我并不是说婚姻是爱情的坟墓，就算你们不结婚，时间也是浪漫的坟墓。倒是有一种可能可以浪漫依然、激情四射，那就是不断变换爱恋的对象。

譬如上文谈到的民国爱情中：

沈从文与张兆和婚后，就移情别恋上高青子，还有好几个其他的女子，而曾经让沈从文失去人格的女神张兆和却独自带着孩子两地分居；胡适更不是只爱江冬秀，他一生爱过的人还有韦莲司和曹诚英；林徽因也无法绕开三个人：徐志摩、金岳霖、梁思成；而徐志摩还有发妻张幼仪，还有陆小曼。

1944 年 8 月，张爱玲与胡兰成的婚书中写道："愿使岁月静好，现世安稳。"然而岁月并没有静好，1956 年，被胡兰成伤透了的张爱玲与大她近 30 岁的赖雅在美国登记结婚。

也许，能做到"岁月静好、现世安稳"的要数钱钟书和杨绛了。（而这，也只是听说）

钱钟书谈及与杨绛的爱情时，特意在其短篇小说中道："赠予杨季康（杨绛曾用名）：绝无仅有地结合了各不相融的三者：妻子、情人、朋友。"

而杨绛先生也曾这样说："作为钟书的妻子，他看的书我都沾染些，因为两人免不了要交流思想的，我们文学上的交流是我们友谊的基础，彼此有心得，交流是乐事、趣事。"

03

那么，爱为何会别离？

但愿我粗糙的分门别类，没有扰到你的沉思。

第一类，"世俗"。

这是最多的一类：贫穷买不起房子、家人反对、教育背景差异、社会地位悬殊、异地恋、年龄悬殊太大、性生活不和谐、一方或双方已有婚姻、要不要小孩、所谓的"门不当户不对"、甚至性别取向被世人排斥等。

这一类，我称为"妥协"，向现实低头了。

一切彼此深爱却又因此分开的，都不是精神完全的爱恋，都带有目的性和功利性，尽管恋人苦不堪言，终究没越过"世俗偏见"。

但是，这仍然会引发内心剧烈的冲突。

没有什么比"我爱你，但不得不分离"更让人揪心的了，如同至尊宝变成孙悟空的刹那，"不戴紧箍不能救你，戴上紧箍又不能爱你"。

这"紧箍"恰恰就是内心的魔咒，从古至今，太多人无法逾越。

那些逾越了的都变成了神话：梁山伯与祝英台跨越了生死化蝶而去；牛郎与织女隔着银河也要相见；许仙与白素贞更是突破了人与妖的物种界线。

世间却罕见，而这罕见来自偏见，偏见是人类大恶，除催生许多杜撰故事外一无是处。

难道不是吗？

至今偏见依然占据所谓热搜，成了众媒体哗众取宠的获益，抑或是蘸血的馒头。

什么同性之恋、出轨之恋、明星绯闻、跨越年龄之恋、多边之恋情等，这都是当事人自己的私密，却成了获取流量的聒噪，难道不是人血馒头吗？

而真正的"灵魂之恋"最大的特点是非理性的、无所顾忌的、超越世俗的、目空一切的、毫无缘由的，甚至是疯狂的。

听起来是不是很可怕？是的，精神之爱是可怕的，也是极美的、极绚丽的。

如同向日葵般的"灵魂之花"。

向日葵，不管太阳有情还是无情，总是转向它且不改初衷；种植向日葵的土地就像被废了武功的武师，所有功力全被抽空，只剩一个空壳。所以种植向日葵必须要特别肥沃丰美的土壤。

精神之爱的土壤就是"人格"。

精神之爱类似于"灵魂伴侣"，它摒弃一切丑陋与功利，它绝不在乎任何约定。

每个重视精神之人，究其一生都在寻觅这心心相印、互为彼此、超脱世俗的恋人，但罕见程度无异于大海捞针。所以，有人即便终身不娶、不嫁，也难得一见。

若漫长一生之中的某个阶段甚至某个瞬间，能遇见这样的灵魂伴侣，也是绝对幸运的。

我以为，陆小曼之于徐志摩是这样的，林徽因之于金岳霖也算是，如同林徽因的追悼会上金岳霖那副传世挽联：

一身诗意千寻瀑

万古人间四月天

04

第二类，"不爱了"。

为何不爱无法归类，也许厌倦了，也许太有确定感了，也许过于平淡了，也许思想不一致了，也许今非昔比了。（愿每一条都会让你思考）

我曾说过：你可以和一个人长相厮守共白头，但发自内心一生一世只爱一个人，便是一个幻觉。

若非要寻得一个共性原因，就是"变化"。

一方人格变了，外在是思想、价值观、看待事物的方式，对人生、对这个世界的态度变了，而另一个人并没有觉知。

这个理由有点牵强，总之就是"变了"。站在更宏观的角度，谁又不会变呢？

若情感和岁月能被轻轻撕碎扔到海中，那么，彼此就在海底沉默。他的言语，你听见，却不懂得；你的沉默，他看见，却不明白。

如张爱玲所言："然后有一天，不再相爱了，本来很近的两个人，变得很远，甚至比以前更远。"

是啊，人生就像一场舞会，教会你最初舞步的人却未必能陪你走到散场。

05

第三类，"死别"。

最能打动人的、最让人惋惜的就是这类。两个彼此相爱的人，其中一个被死神夺走，从此阴阳两隔。

大多数影视作品、文学作品描述的爱情，都是这类，犹如爱的殿堂在地狱门口轰然倒塌。

那种无奈是终极的、决绝的、不可逆的。

在最爱的时候，36 岁的徐志摩突然撒手人寰，陆小曼那时才 26 岁，她在《哭摩》中写道："苍天给我这一霹雳直打得我满身麻木得连哭都哭不出，浑身只是一阵阵的麻木。几日的昏沉直到今天才醒过来，知道你是真的与我永别了。"悲痛之余，她在书桌上写道：

"天长地久有时尽，此恨绵绵无绝期。"

而在萧珊弥留之际，巴金写道："她非常安静，但并未昏睡，始终睁着两只大眼睛。眼睛很大、很美、很亮，我望着、望着，好像在望快要燃尽的烛火。我多么想让这对眼睛永远亮下去！我多么害怕她离开我！"

程季淑死后，梁实秋后来道："我像一棵树，突然一声霹雳，电火殛毁了半劈的树干，还剩下半株，有枝有叶，还活着，但是生意尽矣。两个人手拉着手地走下山，一个突然倒下去，另一个只好踉踉跄跄地独自继续他的旅程！"

这样的故事太多太多。

潜意识深处，让人唏嘘的不是遗憾与孤独，而是在最美最爱时戛然而止！

留了一份完美，让爱化作永恒，且永远不会有污点，保存了世人最纯粹的渴望，那人、那情，只活在了最美的年华。

犹如巅峰期的侠客隐退、犹如如日中天的影星息影、犹如流星在最绚烂的时刻滑落……留给了所有人一个谜、一个梦。

没有结局的结局才是最好的结局，因永久失去，而绝对拥有！

此刻，我脑海中浮现出了刘若英的一首歌，名字叫《知道不知道》：

那天的云是否都已料到

所以脚步才轻巧

以免打扰到我们的时光

因为注定那么少

风吹着白云飘

你到哪里去了

想你的时候 喔 抬头微笑

知道不知道

虐恋（上）

01

先谈谈在"爱情与孤独"这个话题中的感性与理性。

例如上个篇章就很感性，甚至有些文艺。也许爱情这个东西一旦陷入理性旋涡，就无法安然感受，就势必带有功利。

我有时感慨，我们明明处在和平时代，周围不会有炮火声，不像民国那般动荡，但人们内心却如"备战状态"：急匆匆逃避危险，无意识屏蔽情感，最大限度保留理性。

无论听课、学习、读书，都急切希望得到一种方法、一个建议，好像吃下它们能快速缓解焦虑。

这让人更不愿去体验、去感受、去反思，即便这些方法不管用，我们还是乐此不疲。大家都忙着吃退烧药，很少有人从病原体慢慢调理。

而真正的疗愈建立在"领悟"基础上，领悟是需要时间的，这个足够的时间就是成长本身，也称为"修行"。

任何学习途径，要去领会让你有点情绪、有点感动、有点触动的东西，而不是只关注方式方法。

所以，为了余生不那么拧巴，你要给自己时间。心灵苏醒需要时间，也是不容易获得的。很容易得到的，不久就会失去它所有价值，让你沮丧不已。

今天这个主题，我可能会多些理性剖析，目的不是让你觉得"这很有道理""这说的不就是我吗"，而是让你通过分析连接感受。能连接多少都可以，连接不上说明关于"伤害"你还有更长的路要走。

02

我们为何总爱上伤害我们的人？这个问题本身就有充满张力的孤独感，有无可奈何的愤怒。

有这么一句话："每个女性在得到真爱以前，总会遇到几个渣男。"男性也一样。

我反馈三点：

第一，所谓渣男渣女并不渣，而是你念念不忘的吸引；

第二，你排斥的不是那个男人女人，而是"渣"；

第三，更难以接受的是"你居然爱上了他"。

这些故事我以前谈了太多，浓缩总结就是：原生家庭影响。

当然这并非全部原因，还有遗传特质、后天修养，以及无法说明的因素。

但站在心理动力学的角度，你与异性的关系模型：

- 来自你与异性父母的相处模式。
- 来自他对待你的一切态度所引发的感受。
- 来自他本人的人格。

- 来自父母之间相处带给你的影响。

你遇见的每个"爱人"，都是原生家庭模式的重现或翻版。

有人可能与你纠缠一生，有人可能伴你一程，给你提个醒、上个课、练个习。其间种种，复杂又冲突：

譬如你渴望温暖，却被温暖灼伤；渴望力量，却被力量击倒；讨厌酒鬼，却嫁给了酒鬼；讨厌暴力，却频频受虐。也许温柔浪漫会变得道貌岸然；温文尔雅会变得懦弱无能；誓言旦旦会变成移情别恋……

这绝不偶然，也不是直觉，而是潜意识爱恋模式的推动。

需要特别强调几点：

- 模式指的是"养育底色"。这是高频率、长时间的整体感受，其间当然会有快乐、安全时刻，但总体而言是伤害占比较高。

- 模式指的是孩子本人感受。或许父母不这样以为，或父母本身没有爱的能力，或父母可能觉得这没什么，或认为是为孩子好……但我不以此为导向，而是注重"孩子就是这么觉得的"，就是觉得受到了伤害。在此，标杆以孩子为导向。

- 模式指的是心理现实，不是物理现实。譬如父母不在身边，但每天视频或在身边时很关注孩子，孩子心理现实也许就是安全的、被重视的；相反父母在身边却看不见孩子，那么孩子的心理现实也许就是被忽视的。

之所以早年经验难以改变，是因为时间让思维变得僵硬，阻碍了接受新的体验，容易用旧眼光审视新事物。

03

若要清楚现在关系里的伤害，就不得不回头，回头看看原生家庭带来的伤害。

我把原生家庭伤害分了三个类别：忽视型、捆绑型、虐待型。下面分别描述一下。

1. 忽视型

"被忽视"是从不重视到被抛弃之间的连续谱。

最普遍的是父母在身边却重视物质、成绩，重视一切"身外之物"，但并不关注孩子的心理需求。很多关注孩子的，恰恰是在孩子"出了什么问题"时，而这影响了学习和社会功能，父母重视的是"别让孩子那么麻烦"。

其次是半抛弃状态。现实如保姆轮流照看、留守儿童、全托、隔代寄养、离异等。与孩子总隔着第三方，孩子就无法把自己完全托付。

最严重的是抛弃。现实如过继、父母去世、送人、丢弃、交换等。过继还好，丢弃更严重。丢弃在孤儿院还好，丢弃在无人区更严重，后者其实是谋杀。另外，寄养家庭养育者的人格十分重要，有的甚至好于原生家庭。

总之，忽视型孩子整体感受是程度不一的"指望不上"。

他们成人以后总体有这样的表现：

（1）保持距离，不想与任何人靠得太近，凡事独自面对，不喜欢麻烦别人，也不喜欢被别人麻烦；

（2）会自动用理性思维隔离真实情感；

（3）自动解读关系本来就是疏远的，世上就是没人会理解自己。

这三种表现的内在逻辑是：靠近就会被抛弃，亲密不值得拥有，与其被动被抛弃、被忽视，不如一开始就主动疏离，没有开始就没有结束。

其中，最省事的方式是"不告而别""不了了之"，这是潜意识变被动分离为主动分离，且还没有告别的过程，更深处是恐惧被抛弃。

故此，其最大渴望就是稳定的、被重视的亲密关系。只是这个感受太陌生，需反复证明才行，一旦扭转就会有深深的依恋。

2. 捆绑型

捆绑型包含严厉、苛刻、挑剔、否定、索取、恐吓等一切被控制的感受。

此类占比大，原因基于两点：

- 上一代父母的人格相对较弱，生活艰难，文化背景局限且传统，积压了很多怨恨和委屈，特别是母亲，故此很容易在弱小孩子身上宣泄，于是各种功利性对待、严厉挑剔不满指责统统给了孩子。

- 家庭成员之间过于融合，与疏离相反，想要孩子活出自己活不出的样子，例如走出农村、考大学、撑门面等，因此对孩子特别苛责。有来访者曾说，自己活着就是为了父亲的荣耀。

对于捆绑还有几种亚类型：

- 牺牲型——都是为了让你好，若不为你我就会更好。
- 自虐型——千错万错都是我的错，只要你好。
- 溺爱型——像你身上长出去的手，都不用你操心。
- 威胁型——让你经常会有惩罚感，给你脸色、杀鸡儆猴。

以上，孩子总体感受像被绳子捆住了身体，畏手畏脚不能舒展。

孩子成人后最大特点就是关系里的矛盾冲突。

第一个矛盾：既渴望自己说了算，又迎合他人。当迎合他人情绪的时候，很消耗，很累，但又觉得只有这样才会被肯定、被认可，才会有价值。当不管旁人的时候，一边爽一边爽不透，会有很深的愧疚感，总觉得对不起这个对不起那个。

第二个矛盾：既厌恶别人的评判、讲道理，又会诱导别人的评判。前者是对抗的表达，后者是服从的表达，自相矛盾。强烈渴望被喜欢、被认可、被赞美，又对不认可极度敏感、反感、恐惧，会迅速逃离关系，或自怨自艾，自惭形秽，是自恋与自卑的矛盾体。

第三个矛盾：自我要求很高，对别人要求也很高，但又讨厌这样。不允许自己犯错，也不允许别人犯错。因为他们有根准绳，犯错就要被惩罚，就一无是处，就是垃圾。相反，不犯错就是成功的、被爱的。深受其累，苦不堪言，焦虑满满，坐卧不宁，战战兢兢，如履薄冰。忽视型的人也有这一点，但相对较弱，因为他们懒得向别人证明自己，而捆绑型的人，必须要向别人证明自己是好的、优秀的，别人的打击对他们是致命的。他们把不允许犯错视为对他人的讨好，对社会、规则的屈服，又强烈不满，讨厌自己这样。于是一有机会就去对抗、去犯错。换句话说：他们一边不允许犯错，一边渴望犯错。

第四个矛盾：压制愤怒、攻击性，但又容易因小事暴怒，再用愧疚打压暴怒。前者也是迎合他人的需要，后者则是忍无可忍的需要。攻击性是因为被绑架的耻辱，压制攻击是认为绑架者也是爱他的。

3. 虐待型

虐待型分为三大类：

第一类：肢体虐待。肢体虐待包括抽打、踢打、猛推、掐扭、烫、用力摇晃、捆绑、按压、咬挤、推到门外、关黑屋子用任何其他物品打。

第二类：环境虐待。环境虐待包括暴力对待伴侣、对待孩子的兄弟姐妹、虐待动物；摔门、打砸扔家具、踢墙砸墙砸玻璃；以及各种威胁，如挥拳挥胳膊手指、怒吼、凶、歇斯底里、拿鞭子皮带甚至菜刀暴跳如雷等。

第三类：性虐待。"性虐待"是最难以启齿的。常见侵害者为：继父继母、年龄大的表哥表姐堂哥堂姐、邻居大孩子和成年人、同学玩伴、其他亲戚、父母单位同事、朋友、陌生人，然后是亲生兄妹、亲生父母。

形式更是多种多样：

（1）接触类：性交、口交、手淫、亲吻、抚摸，借助任何外物的插入、碰触等各种形式的猥亵。

（2）非接触类更多：做爱不避孩子、大孩子的性游戏、祖露大人的裸体、当面洗澡、脱光衣服、黄色录像带、黄色书籍、黄色玩笑、淫秽语言等；偷窥孩子身体、各种性暗示、以爱为名的各种诱惑、挑逗等。

性虐待往往伴随言语暴力、虐待。

特别指出：当孩子对性侵害居然有好的感受，如兴奋、高潮、期待时，内心会把自己推向罪恶的深渊，万劫不复。

成人后最严重的表现是：巨大的恐惧、强烈压制的愤怒、无处不在的羞耻感。

性虐待对爱情的影响包括混淆亲密与性、各种复杂的虐恋、冲突造成的罪恶感、对同性别孩子的矫枉过正。

04

无论哪种类型，内心都渴望与伤害相反的体验，都对持续的温柔、细腻、温暖、体贴、甜言蜜语缺乏抵抗力。

很多爱恋，起初就是因为一点不起眼的细节而坠入情网的。

例如，对方给她夹菜、帮她提包、对方在阳光下微笑、对方身上散发的香水味，甚至烟酒味、鱼腥味，这都变成了爱的吸引。

当事人难以区分这到底算不算爱，还是某些其他感情，如渴望依赖、渴望被重视、渴望拯救别人等。

细节背后都包含太多生命故事，一切爱的吸引，仅是满足那个孩子的愿望，而你并不知道。

此时往往会放大对方身上你想要的部分，也屏蔽了对方真实的模样。

譬如,忽视型喜欢无微不至的关注;捆绑型喜欢民主与尊重;虐待型喜欢温柔体贴或强势主动力量等。

这个爱上的过程十分忐忑不安,紧张、敏感、多疑、靠近又疏离、渴望又恐惧,显得那么别扭,继而又对此深感羞耻。

随着关系确立、时间推移,潜意识还会使用"诱导模式"。譬如:

- 忽视型开始不适应这样的关注,开始回避和疏离,结果就是对方真的开始忽略你。
- 捆绑型开始依赖或挑剔,结果就是对方真的开始批评、指责、压制你。
- 虐待型开始各种无意识犯错,一次次挑战对方底线,结果对方真的开始虐待你。

必须强调,这不是一成不变的,它还取决于对方的人格特质。倘若对方足够接纳包容,或对方恰好是受虐型、拯救型就能与你契合上。

而早年依恋创伤严重的人,往往没那么走运,再次遇上伤害的概率更大。

05

那么,为什么?为什么我们尽量避免伤害,却依然会"爱上伤害"我们的人?

请注意,我把"爱上伤害"这四个字做了标记。

是因为这里有个误区，你误以为爱上的是"加害你的人"，其实不然，你爱上的只不过是"伤害"本身，准确地说是"被伤害的感觉"——"我爱上了被伤害的感觉"。

这就更悖论了，既然伤害那么痛，为何还要"爱"上呢？

答案同样悖论：是为了自我疗愈。

温尼科特说过，一切心理疗愈都是在延续曾经被中断了的体验。

弗洛伊德也说过，所谓"症状"就是在常态下某些心理过程没有进行完。

他们都指向一点：在当年受伤害时，本该有的情绪被压抑了。而无论时间过去多久，它们总会有意无意冒出来。继续让这些压抑的情绪进行释放，这事儿才算完，否则就如鲠在喉，甚至死不瞑目。

例如，被忽视会悲伤；被控制会愤怒；被虐待会恐惧。这些"悲伤、愤怒、恐惧"在当年没办法释放，能活下来就已经不错了。

- 爱上伤害的目的之一，是释放它们。现在被爱人伤害，你可以反抗、可以向朋友倾诉、可以伤害他！这都是释放的形式。

- 爱上伤害的第二个目的，是潜意识的复仇。报复的是早年养育者，只不过现在转移到了爱人这里。报复越强烈潜意识越爽，尽管意识上很难过。最直接的形式是：你会用自己早年被伤害的方式对待他人。这个他人往往就是伴侣、孩子。潜意识在说："看看，你也尝到了被伤害的滋味吧？现在你知道我曾遭的罪了吧？你可以更好地理解我了吧！"然而事实是，对方毕竟不是当年的你，他会抗争、会攻击你，极少有人冒着被伤害的风险还依然坚持爱你。于是，强迫性重复就产生了。

- 爱上伤害的第三个目的，也是终极目的：你要"反转"当初的体验，你要证明，自己是值得被爱的。只不过证明的方式有些"极端"：各种"作"、各种伤害攻击，以此测试"对方是否真的爱你"。

到此，危险与机遇并存！会有两种可能：

第一种，对方没有通过测试并继续伤害你，如同早年一样；

第二种，对方通过了测试，宽容和接纳了你。

遗憾的是，第二种可能性很小。否则就不会有那么多心理治疗师了，心理治疗师就是充当第二个角色。但依然会有大量治疗师失败，承受不住。

最终能承受住的则对你起了疗愈作用，但依然会复发，还会在亲密关系中受伤。只是，你分清了哪些是测试，哪些是真的伤害。

所以，最终产生疗愈的是你改变了，你成长了，成长后的你更理解过去的遭遇了，并能够很好地照顾你的内在小孩了。

06

所有敏感之处，都是内在小孩的表达，而非成人的你。所有不会和异性相处的都是那个孩子，那个曾经没有得到正确指引的孩子。

你不应责怪他，不应像当年养育者那般对待他。相反，你要去靠近他、安抚他、拥抱他。这会大大降低孤独无助感，不断进行，才会在下一段爱恋中不再强迫性重复。

那个内在小孩获得了足够的爱，尽管迟来了好多年，但它还是来了。

人在匮乏时遇见的爱是会有折扣的，是那个内在小孩的抓取，是求救，日后很容易理想化破碎。而在你充盈和成熟的时候遇见的人才是可以彼此相爱、独立，客观，又能相互成就、创造的人。

所以，曾经的被伤害都是有价值、有功能的，它们都属于过去，以后的你要告诉自己：

- 我绝不允许任何人以任何形式伤害我。
- 我有足够资格享受别人对我的好而不愧疚。
- 我有足够的力量离开一段关系并独立。
- 我要让这一切从此时此刻开始。

第四节

虐恋（下）

道是不相思，

相思令人老。

几番细思量，

还是相思好。

——古龙《萧十一郎》

01

　　曾经，我很喜欢影片《触不到的恋人》，并反复看过多次。

　　那时内心似乎有种执念，觉得爱情之所以美好，恰恰正是由于它的不可得，就像幸福一样，得到了，味道就变了。

　　影片男女主人公一开始就注定无法在一起，因为他们分别生活在不同的时间轴里。男主生活在 2004 年，而女主生活在 2006 年，两年的时差让他们只能苦苦相思，不能真实相爱，那个可以穿越时空的小小邮箱，成了连接彼此的唯一方式。

　　即便他们都在同一座城市，都住在那个美丽的湖畔小屋，甚至都养了同一条狗，依然无法越过时空相爱。错的时间遇见了对的人，令人唏嘘！

我觉得这部影片有个巨大隐喻："每个人内心都有个理想化的恋人，现实却并不存在。"

这个恋人是如此完美，完完全全符合了想要的样子。他是纯洁的、神圣的、不能有丝毫亵渎和侵犯的。

就连爱他本身也好像是某种惊扰。

为了让心中这个形象更逼真，人们往往会投射给现实中的某人。影片男女主人公正是自己内心的"完美情人"的投射。

在"民国爱情故事"中，诗人卞之琳对才女张充和的爱，亦是如此。

卞之琳一封一封给张充和写着日常琐事，却从未表达过爱意，即便天下人都看明白了，他还是不敢表白。

忐忑与胆怯让卞之琳把这份爱情写进了一首又一首的诗，如那首著名的《断章》：

你站在桥上看风景，
看风景人在楼上看你。
明月装饰了你的窗子，
你装饰了别人的梦。

——那位圣洁的女子就像高高在上的女神，让男子倾其所有，耗尽此生之爱，而她却对此浑然不觉，只是看着远处的风景。

就算上天给过绝好的机会，他也没能把握。

有次他们一起郊游，穿着旗袍的张充和想让卞之琳拉她一把，而卞之琳看着那双纤纤玉手，却怎么也不敢伸出去碰触，也许，他是怕把这么美丽的手碰碎了吧。

如果那样，女神就会从云端跌落，这是自己万万不能接受的。

最终，他们彼此有了各自的家庭，而且离得很远很远，远到隔着整整一个太平洋。

于是，卞之琳在《鱼化石》中写道：

我要有你的怀抱的形状，
我往往溶于水的线条。
你真像镜子一样的爱我呢，
你我都远了乃有了鱼化石。

诗中"镜子一样的爱"，让我想到了希腊神话里的美少年纳西斯。

纳西斯因长得奇美无比，被母亲放逐山林，希望他不会看到自己的容颜。但有一天，纳西斯在河面上无意看到了自己在水里的倒影，就这样被美丽的外表迷惑，并深深爱上了自己，不能自拔。

最后，纳西斯茶饭不思憔悴而死，死后化作水仙。这就是心理学著名词汇"自恋"的由来，纳西斯和水仙花也成了自恋的代名词。

卞之琳诗中也表达过类似的自恋："百转千回都不跟你讲，水有愁，水自哀，水愿意载你。"

众所周知，这就是所谓的"单恋"。

单恋至少有三种状态：得不到回应的爱、被拒绝的爱、暗恋。它们都充斥着深深的孤独感。

柏拉图在一则神话故事中称，人类因得罪了天神而受惩罚，每个人都被劈成了两半。自此，每个人类都是不完整的，都只有一半，于是不得不终生去寻觅剩下的那一半，以此获得某种完整性。

有的人很幸运找到了，于是热泪盈眶，灵魂得到了安息。而更多的人却再也找不回自己那另一半，只有继续寻觅，继续孤独。

"单恋"就是在寻觅另一半中安慰自己的美丽幻觉，本质上，属于自恋的一种。

特别说明，本文提到的"自恋"单指"与自己的感觉谈恋爱，尽管表面上是爱着另一个人"。

02

第一种状态：暗恋。

"暗恋"这种单恋形式更是自恋，你深信那个人的的确确是你的另一半，而你的爱却又都与他无关。

在情窦初开的少年时，暗恋就是我们的爱情。

也许你爱上了老师、校花，抑或是学长、同桌，但他们都一概不知。

就这样独自体验内心的翻江倒海：失眠、思念、激动、兴奋、失落、羞涩、忐忑、失望轮番上阵，你则在其中反复沉沦。典型的"你爱他，他却不知道"。

暗恋是自己内心一出大大的大戏，戏里戏外都是你自己。

暗恋是最安全的，因为它绝对可控，永不表白就永不破坏。

看起来那个人的一举一动、一颦一笑都让你沉醉不已，其实只是你在为自己的感受跌跌宕宕。

没什么比和自己较劲更不妨碍他人的了，也没什么比和自己玩更可控的了，一旦表白，就会陷入被动局面，因为你的爱需要另一个人来确认。

所以，很多自卑、自闭的孩子，往往会与一个物件或自己身体的某个部位反复玩耍，乐此不疲。

暗恋的动力学解释是：你正在爱着"爱一个人的感觉"，之所以如此，是为了"自我认同"。

人总在某个阶段迷失自己，感慨活着的意义，迷惑于何去何从。特别青春期的孩子们，几乎整个阶段都是为了"自我认同"。

自我认同的前提是先要有个"自己认同的人"。

也许父母给了你这样的感觉：可靠、值得信赖。你会以他们为榜样，会觉得也可以像他们一样有魅力，从而认为自己也值得被爱。

这个阶段倘若"梦想成真"，最重要的环节是：你要离开他们，成为你自己。

离开的过程需要有个过渡期，最好有另一个人临时充当过渡客体，譬如友谊和爱情。你在其中看见了自己，以摆脱对父母的依赖和纠缠，慢慢走向独立。

"暗恋的对象"就是这个过渡客体。而且是重要的、健康的、安全的、富有成效的。

我可以断言：几乎所有的少男少女都有暗恋之人，那个让自己心疼、心碎又心安的对象。

少年通过暗恋的感觉来爱上自己，认同自己。

而那段对方不知道的恋情，也许是少年这一生中最美丽的回忆。因为它是如此纯粹，纯粹到对方居然毫不知情，而情感又是那么真挚热烈，一点都不虚幻。

若有人被暗恋灼伤，潜意识不是你爱的人不对，而是你无法爱上自己，无法掌控自己的情感，无法和真实情感发生关联。

这样的人在早年不太有真实可靠的依恋者，没有让自己自豪的、深以为荣的父母或兄弟姐妹，就会很容易被情感卷入，不能自拔。

所以，暗恋是人格的双刃剑，一端是美好与动力；另一端则是惩罚与堕落。

03

第二种状态：得不到回应的爱。

如果用"暧昧"，也许能理解其表面含义。这个词本身就代表"确定"和"不确定"之间的来回摆荡。

得不到回应有两种可能，一种是不在乎对方是否真有回应；

一种是体验爱恋中的不确定感，潜意识认为：只有"不确定"才是"确定的"。

很多人一旦确定关系，就会分手，这是"分离焦虑"的一种。他们深信"在一起就会分开""在一起就会被抛弃"。

他们不信天长地久，也不信曾经拥有，只相信若即若离。

有位来访者与女友纠缠了一两年，最终还是没能在一起，我在咨询记录中感慨道：

"关乎爱的感觉，两个人究竟如何才可延续多年爱着又保持着距离感，彼此纠结着、无奈着、怀疑着、惦念着、思索着，现实却又生活在别处，我们得到了什么？我们又在隔离着什么？我们的情感为何如此敏感、如此敏锐，又如此疏离？前世又是怎样的缘分，让我们今生爱而不得？我们满足着操控感、主动性，以此来保持距离，存有自由度，却又要承受深夜的孤寂与内心的煎熬，时而翻腾、时而平静、时而惶恐。如果岁月催人老，时间真会淡化这一切吗？"

得不到回应的爱是一份无法给自己承诺的爱。

"倘若在一起我能保证与他白头吗？我能保证自己不抛弃他吗？"

事实上，他们因更看重爱的责任，才不会轻易爱上，不会给对方明确答案。对方若给他明确答案，他也会疏远。

很多不生小孩的母亲不是因为没能力要，而是"我能保证呵护好另一个生命吗？"不能承受生命之重的背后，是不相信自己可以托付给另一个生命。

热衷于得不到回应之爱的人，骨子里是爱着这纠缠不清的感觉，爱着因不确定性带来的无限可能性。

这最是考验对方爱的能力，对方要有足够的接纳和包容，才可慢慢融化那颗不安的心。

必须再单独提及一种爱，我给他取名字叫"依恋"而非"爱恋"。

很多爱情只是原始的"依恋"，一种"妈妈的味道"、一种"家的感觉"：

- 累了倦了，会有一个人在等着我。
- 远远望去，我看到家里的灯散发着温馨的光。
- 我喜欢依偎他、抚摸他，很柔软暖和，像妈妈的乳房。
- 他只要在家，什么都不做也行，我心里就踏实。
- 可以没有性关系，但是一定要有拥抱，身体要彼此缠绕。
- 喜欢他给我夹菜、喂饭，最好放在嘴边吹一下，我简直要被融化了。
- 喜欢他爱抚我的头发亲吻我的额头。
- 喜欢他做饭的样子，魅力无限。
- 喜欢在他面前委屈得像个孩子。
- 喜欢无理取闹，这样他就可以哄我了。
- 喜欢睡前他同我讲话，我会睡得更踏实。
- 喜欢他搂着我摇来摇去。

我可以一直这样想下去，你也可以，但凡把自己想成一个孩子，或更小的婴儿，你最希望妈妈为你做什么，那就是"依恋之爱"。

事实上，每个人都喜欢伴侣把我们当孩子，但并非常态，更多时刻我们是一个理性的成年人。

有着"依恋缺失"和"依恋创伤"的人，则会把这当作常态，并以此为爱的基础。

爱情是二元关系，婚姻是三元关系，依恋则是一元关系。

如温尼科特所言："世界上根本就不存在单独一个婴儿这回事，有婴儿的地方必定有他的妈妈。"早期依恋就是融合，是一个人，或者说是"人中人"。

孕妇是最恰当的比喻。我们都知道孕妇体内有另一个生命，但我们却看不到这个生命，只能看到孕妇本人。

依恋之爱便是如此，潜意识他希望自己是不存在的，只是一种全然的享受，是"未分化之爱"。

很多出问题的爱情、婚姻都是如此。试想，一个小女孩，你如何让她去结婚？如何让她独立？又如何不让她在和对方发生性关系时拒绝？

很多时候我们都是孩子。作为孩子首先要满足依恋，满足妈妈对自己的爱，才可以长大，才可以去恋爱，去爱另一个人。

否则，就算你变成了成年人，你那个孩子也不甘心。

婚姻中，你得不到依恋就会去爱另一个给你这感觉的人；伴侣也很可能爱上另一个能给他带来成人之爱的人，诸多所谓的"出轨""婚外情"都是如此。

所以，依恋之爱的本质是"幼稚的爱"，是一种无法得到成人般爱恋回应的爱。

04

第三种状态：被拒绝的爱。

很多人被拒绝，会继续努力得到，得不到会知难而退；还有一部分人并不在意对方的态度，依然坚持爱着，甚至终生都是如此。

这样的爱恋，爱的是"爱着你的我自己"、甚至是"不求回报的我自己"。感动的是自己那份执着，维护的是心中那个希望，即便冒着"我爱你你却不爱我"的痛苦。

孤寂、脆弱、无助，往往出现在深夜一个人的时候，那时自己是柔软的、虚空的，也特别渴望有一个人能在身边陪伴、回应，以此慰藉那无眠的夜。而太阳出来、天亮了、工作了，真实情感就隐藏了起来。

黑夜与白昼，就像人的背部与腹部，是一个人硬硬的外壳和脆弱孩子的两面。

在"黑夜"（我指的是某种指望不上）里待久了的人，并不习惯太阳的温暖，更多的是拒绝这份温暖，也就更容易被他人拒绝。

被拒绝的爱既不会阻碍你"享受黑夜"，同时，也给了你"黎明前的黑暗"的希望。

这样的拒绝最好建立在尊重基础之上，他值不值得你爱，这一点很重要。对方只是拒绝，并没有嫌弃你、厌恶你、诋毁你。

就像花儿一样，你喜欢花儿，花儿并不会因为你的喜欢而厌恶你，很有可能花儿也很开心，这恰恰证明自己是美丽的，是值得被爱的。

相反，如果一个人把你对他的爱当作诋毁你的工具，当作侮辱你的资本，就说明他根本看不起自己，他认为自己不值得被爱，你就要毫不犹豫地离开。

当然也有例外，譬如受虐狂，譬如你对他的爱充满了利用和报复，那就变质了，那就不是爱了，也不在本章讨论范畴。

我指的是，你爱他，他不爱你，你依然坚持爱他。

除此之外，没有离谱的人身攻击。如果这样，对双方而言则是美好大过伤害。你依然会体验到那种"爱"的感觉。

同暗恋一样，都有"单相思"之美。

对此，李银河这样说道：

"单恋是非常痛苦的，这一点毋庸置疑，但是比起没有爱的生活，它还是快乐的。对一个人发生了激情之爱但是得不到对方的爱，尽管无比尴尬，羞辱备尝，但却是一个喜忧参半苦中有甜的状况。所谓喜和甜全部来自浪漫激情之爱本身的美好感觉，即使没有得到回应，还是可以沉浸在对对方爱恋的感觉之中。有时，由于爱恋的对象可望而不可即，反而使爱本身更加充满激情，更显诗情画意。"

是的，很多人宁愿沉浸其中，宁愿在美好与痛苦中纠缠，宁愿把自己交付于拒绝，宁愿明知不可为而为之，宁愿被这"残缺之美"折磨，也一如既往、执迷不悟——也许，这就是爱情的伟大之处吧。

而人之所以还能对抗现实的不如意，缓解不可得的终极孤独，唯有美好的幻想才可以，在幻想里象征性得到了爱的体验，也让活着充满了意义。

05

本文讨论的这三种爱的孤独感，恰恰说明你还有爱人的能力。

当你不再对人与人的关系怀有任何幻想，还会有两种释放情感的渠道。

第一种，你会与没有生命的东西深度纠缠，有可能进入另一个全新的领地——艺术殿堂。

也有另一种可能，你缺乏艺术细胞，无法在美术、音乐、舞蹈、写作等创造领域获得重生，也许会遁入疾病，无论生理的还是心理的。

在我看来，一切心理疾病都是艺术表达。精神分裂症、多重人格等患者就是天才的艺术大师，每个痴狂的艺术家也都是精神病患者，只是世人认同的观念不同而已。

如同梦，究竟是梦里的那个你真实，还是做梦的这个你真实呢？

本篇最后，分享一首海子的《海子小夜曲》，我认为他写出了爱的感觉，写出了失去的感觉，更写出了失去后的升华，以及升华后才能真正得到的感觉。

海子小夜曲

以前的夜里我们静静地坐着
我们双膝如木
我们支起了耳朵
我们听得见平原上的水和诗歌
这是我们自己的平原、夜晚和诗歌

如今只剩下我一个
只有我一个双膝如木
只有我一个支起了耳朵
只有我一个听得见平原上的水
诗歌中的水
在这个下雨的夜晚
如今只剩下我一个
为你写着诗歌
这是我们共同的平原和水
这是我们共同的夜晚和诗歌

是谁这么说过　海水
要走了　要到处看看

我们曾在这儿坐过

不伦之恋（上）

01

在"爱情与孤独"的最后篇章，我想谈谈那些"不被允许的爱恋"。

如果前面提及的爱恋只是发生在两个人间的孤独，那么不伦之恋则是更大的孤独。

它不仅是双方的感受，更要承受来自群体的质疑。

仿佛一个人的情感他自己说了不算，要随时恐惧，要把衣服脱光被世人审视、审查甚至审判。

这是当事人的孤寂，也是世人的悲哀。

我没考究过"不伦"或"乱伦"这个词是何时发明的，但就其引发的联想来看是被禁忌的。

它总与黑暗、肮脏、羞耻、低贱、龌龊、罪恶联系在一起，是绝不能见到阳光的。

很多人听到、想到"乱伦"就被吓跑了，根本不愿去进一步思考。

而我要替你思考，并重新审视或审判"乱伦"这个词：

"伦"是伦理，"乱"就是突破、超过、不符合、不属于、不应该等含义的结合体。

那么，何为"伦理"？

站在中立位置看"伦理"，应是某种道德约束，好像人们画了一个巨大的圈，圈内是符合的、应该的、允许的、正当的、正确的；圈外则是乱了伦理。

我觉得，制度是对伦理的细化，法律则是对乱了伦理的惩戒方式。

由此来看，乱伦范围扩大了，它不再是男女之间那点事，而是与禁忌和突破有关的一切道德冲突：

- 你是学生，伦理规定你要去学校，不去学校就是乱伦。
- 你是公职人员，伦理要你恪守执法，贪污受贿、徇私舞弊就是乱伦。
- 你是父母，伦理规定你要抚养孩子，遗弃孩子就是乱伦。

好，按这个道理：

- 你在婚内，婚外情是否是乱伦？
- 你是孩子，不孝是否是乱伦？
- 结婚不要小孩，是不是乱伦？
- 不结婚，是不是乱伦？

再来点与主题相关的：

- 同性恋是不是乱伦？
- 你与比你大 40 岁的人结婚是不是乱伦？
- 你与表哥表姐发生性关系是不是乱伦？
- 你爱上了父亲是不是乱伦？

也许你明白了，对乱伦的理解我们太狭隘了。我们以为"近亲相恋"才是乱伦，其实，但凡违背了某种人们集体认同的"道德标准"，都属于乱伦。

"乱伦"这个词需要被替换，人们的狭隘已经把它妖魔化，群情激昂、愤愤不平，完全不中立。

强烈建议用"类别"来替代"伦理"，"乱伦"就是"不符合大多人的类别"。

现在，你爱上自己的父亲只是不符合某种类别而已，与学生辍学的道理如出一辙。

只不过太多学生不爱学习了，突破的人数有点多，而爱上自己父亲的人太少了，这只是程度区别，没别的。

02

这就需要我们更进一步思考：大多数人的分类标准从哪来的？一定正确吗？

毫无疑问，这个大多数人的分类标准就是主流价值观。

这个主流价值观是会变的，每个历史时期都不同，会受到文化、政治、经济、意识形态多方面影响。

例如，古代皇帝坐拥三宫六院，王族重臣妻妾成群，有点权势的普通人也有三五个老婆，不但没人质疑，相反都认为是正常的。

在那个社会，一夫多妻就是主流价值观。拥有更多老婆是被称道的，甚至是荣耀的象征，普通人只有羡慕和嫉妒，相反那些讨不上老婆的则被歧视，被认为是无能的熊包。

而如今的主流价值观是"一夫一妻制"，若谁再拥有几个老婆、几个老公是不被允许的，被视为"乱伦"。

不讨老婆也少有人诋毁了，单身有时还会被高度认可，如同"钻石王老五"被标榜一样，没人会因为你钱多不结婚而耻笑你，也不因为钱少不结婚而嘲讽你。

再如，"重男轻女"思想影响了人们几千年，甚至在殷商时期女子并不被当作一个人，她们只是男人的私有财产，你若说男女平等就是笑话、乱伦。

如今，男女平等已是主流价值观，女权呼声渐高，你若还有男尊女卑的思想，就是乱伦。

就连现代也是，计划生育曾被立为国策，"只生一个好"就是主流价值观，独生子女家庭很光荣，国家还会有政策扶持。超生会被人人喊打，被视为"乱伦"。

如今二胎、三胎放开，更多独生子女家庭则会羡慕多子女家庭。

而影响最大的莫过于儒家思想，"三纲、五常、四维、八德"是最高的"宪法"。

拿"三纲"为例就可窥一斑。"君为臣纲，父为子纲，夫为妻纲"，这种臣子绝对服从君主、儿子绝对服从父亲、妻子绝对服从丈夫的伦理，无人敢质疑。

倘若臣子不忠、儿子不孝就是最高级别"乱伦"，须处以极刑，所谓"君要臣死，臣不得不死"。

一个集体思想观、价值观独大的社会很危险，外在的顺从潜伏着内在巨大的风险。

而它们的消除需要很多代人努力，绝不是很短的历史时期，也不是一下子消失不见，而是慢慢削弱、慢慢更替的。

例如，儒家伦理依然在影响现代人，不信你对父辈、祖辈说你反对"百善孝为先"这句话，他们一定骂你大逆不道并伤心至极。

因为你触动了他们至高无上的伦理，没了这，他们就不存在了。为了理念不崩塌，他们一定义正词严地教育你，痛心疾首地批判你，认为你"乱了伦理"。

太多太多愚孝就此诞生！

所以，孤独如哪吒把肉身还给父母才如此令人动容！

03

回到男女恋情更是如此。

在"父母之命媒妁之言"的主流价值观下，自由恋爱就是过街老鼠，私奔更是罪大恶极。

在"男女授受不亲"伦理下，"未婚同居"是家族的奇耻大辱，是最大的乱伦；如今谁要再这么想，他就是迂腐之极，就是在"乱伦"。

按照这个伦理，诸神之王宙斯简直是万淫之首。天后赫拉就是他的三姐，而宙斯的情色之旅可谓惊世骇俗，什么堂姐表姐、姑姑姨妈，还有二姐丰收之神德墨忒尔，都是宙斯的情人，都有过性关系，并生下了其他诸神。

在四大文明古国的古埃及，法老王为了确保皇室血统的纯粹，采取皇室内部"血缘通婚"，并严格规定不可以和其他家族婚配，这样的"伦理"长达千年之久。

如抛开生物学角度的遗传基因，估计血缘内婚配延续时间还会更长。

那时，谁要不和自己的亲戚婚配，就是乱伦；就像如今谁要和自己的亲戚婚配就是乱伦，道理没什么不同。

弗洛伊德提出的著名"俄狄浦斯情结"也是一个巨大隐喻。他称在潜意识最深处，男孩都有"杀父娶母"的动机；而女孩则是"杀死母亲嫁给父亲"。

这样的乱伦幻想被禁忌才会担心惩罚，用惩罚来宽恕心中之原罪。

在今天，宙斯、俄狄浦斯、法老王以及诸多皇室成员，都应该被处以极刑，并被世人唾弃。然而事实并没有，因为它们似乎代表了人类集体无意识的一部分，并且与现在的你也无半点关系。

因此，伦理绝不是一成不变的，乱伦更是不同年代的少数类别。

在某种大的视角下，我以为伦理是当朝制度稳定性使然，而乱伦则在一定程度上促进了人类进程。

既是类别，那就只是一种生活方式，只不过在主流分类下，它们显得那么无奈、那么小众、那么格格不入，孤独也就在所难免了。

蒋勋先生说：孤独就是出走的同义词，从群体、类别、规范里走出去，需要对自我很诚实，也需要非常大的勇气。

简言之，孤独就是走出了大多数人的分类标准，被视为圈外人、边缘人。

出走的人多了，慢慢就会形成新一轮伦理分类。例如，"对父母的恨需要释放""人人平等""个人自由意识大于道德捆绑""男女平等""自慰不需要评判""婚外情也是爱情""同性恋被法律允许婚配"等，正在形成新一轮主流价值观。

只是提前出走的极少数的人，会冒着被钉在十字架上的巨大风险。

04

以上若能触动你的伦理神经，你就会尊重而非歧视每一个生命体，悲悯之心就会升起，就会拥有更大的胸怀。

倘若你正是那个孤独出走的人，更要学会善待自己，出走只是方式，是遵从了内心真实的自己，而不是什么大恶大罪。

以下我谈及的三种"不伦之恋"也才可能有个出口。

同性之恋

在孩子都可以领养的年代，不该有任何人对同性之恋抱有歧视，歧视只能说明你的狭隘与自私。

因此我不谈什么诊断，符合哪些标准就被诊断为同性恋，诊断本身就是狭隘的。

无论多么权威的专家在心理、情感层面诊断一个人的时候，就已经给这个人扣上了"有病"的帽子，他也只是徒有虚名的"伪专家"。

我们仅仅需要尊重！

尊重另一些生命的生活类别与你不同。

难道你愿意因不同而被歧视吗？难道你不也需要被尊重吗？

据说"同性恋"这个词是在1869年的德语中被创造出来的，而仅仅130年后，美国纽约市就正式确立了同性伴侣婚姻的合法性，说明文明的进步还是可圈可点的。

早在1963年，性学研究者福柯与心理学家拉康聚餐时，就说过"只要男人之间的婚姻尚未被接受，就不会有文明"，当然女人之间的婚姻亦是如此。

弗洛伊德也表达过类似思想："古人看重本能本身，而我们则太强调对象的重要性。"

我总是佩服那些提前孤独出走的大师们，文明因他们的存在而更加璀璨。

然而时至今日，还有多数人歧视同性恋者，特别是受过所谓正统教育的人们。

也会有家长对我哭诉着咨询他们的孩子是否是"同性恋患者"，当少年被送到我这儿的时候，看着他们羞愧的眼神，我感到莫名的悲哀，除了用尽一切告诉他"你是正常的"之外，我什么都做不了。

李银河认为，同性恋不伤害他人，对社会的影响也不直接，就像酗酒或自由恋爱一样。它既不是犯罪和邪恶，也不是心理疾病，而是一种属于少数人所有的生活方式。

是啊，只是分类不同，难道那些反对者就不考虑一下"男"和"女"不也正是一种分类？难道还需要去证明自己为何是女人、男人？

有色眼镜是原罪。

既如此，我不会教你如何对待同性恋群体，如何帮他们，如何让他们改变——这一切都是你的自以为是。

你如何看待自己，如何看待异性恋，如何看待吃饭睡觉，就如何看待同性恋群体，这有什么困难吗？

需要治疗的不是他们，而是你内心的匮乏。

倘若你本人是同性之恋，请记住有问题的不是"性别"，而是你对此的态度，是你内心不允许的声音。

你需要探索的是"那些不允许的声音"是谁的，去探索你是如何被家庭伦理捆绑的，面对这些捆绑你又是如何出走、如何突破、如何孤独的，而不是"同性之恋"本身。

在"不伦之恋"的下篇，我会接着和你谈另外两种常见的"类别"。

第六节

不伦之恋（下）

01

当把"乱伦"改为"突破类别"以后，你的恐惧、羞耻、罪恶感都会大大降低。

在此基础上，常见的"不被允许之爱"就会客观很多。整个氛围安全了，具体方式方法和主题、味道也就让人踏实了。

上一节提到了"同性之恋"，本节再简单聊一聊"婚外恋"和"狭义的乱伦"。

婚外恋

蒋勋曾谈到过唐朝诗人张籍的《节妇吟》。

君知妾有夫，赠妾双明珠。

感君缠绵意，系在红罗襦。

妾家高楼连苑起，良人执戟明光里。

知君用心如日月，事夫誓拟同生死。

还君明珠双泪垂，恨不相逢未嫁时。

下面是蒋先生的解读，我很赞同，决定摘录下来与你分享（出自蒋勋《舍得，舍不得》）：

这首诗从字面意思看很容易懂：一个女性结了婚，已经有了丈夫，但还是有人爱慕她，并送了一对珍贵的明珠。

这样的开头已经挑战了爱情、婚姻、伦理、贞节多重的社会矛盾。

在一个津津乐道于小三事件的现今社会，张籍的这首诗也还是人性最好的自问自答吧。

女子的第一个反应是感动，已经结了婚，还是有人爱慕。婚姻并不是爱的禁忌，"感君缠绵意"，女子大胆接了明珠，并把这一对明珠贴身系在大红的罗襦上。

这样的感动，接受了馈赠，珍惜馈赠，珍惜这爱慕，这是婚外情的开始吗？道德的诛心者或许已经要开始批判了。

这首诗的好，其实是呈现了人性复杂矛盾的真实过程。

感动并不代表接受。

把明珠系在衣服上的女子，想到自己的家世教养（"姜家高楼连苑起"），想到丈夫在公安部门任职的身份地位（"良人执戟明光里"），隐约觉得这样接受爱慕的不妥。

一个人可以拥有纯粹完全的个人自由吗？或是人必须生活在社会性的习惯伦理中，遵守世俗共同的道德法律？

好诗好文学都不是答案，却是一种引发思维的过程。

讲完自己家世，讲完自己丈夫的身份地位，女子善良聪慧，即刻觉得这样是不是会伤到爱慕者的心。

张籍写出了女性最动人的委婉智慧，她对爱慕者说"知君

用心如日月"，爱是可以这样坦荡无私的，爱是可以这样光明
磊落没有非分之想的。

即使对方有非分之想，也还是鼓励地说"知君用心如日月"，
洁净宽容，如此大气。

这名唐代女子没有拒绝爱，她只是委婉地告知对方自己爱
的是丈夫——"事夫誓拟同生死"，因为对丈夫的爱让她经历
矛盾之后下的结论。

"还君明珠"与"双泪垂"其实是一种矛盾，是理解了生
命必然的选择之后淡淡的无奈，淡淡的遗憾与怅惘。

深沉的文明都从理解遗憾、无奈、无常中一步一步走来，每
一次生命的选择或许都怀抱着对所有人不能选择之事物的遗憾吧。

因此生命才有泪……

忘了那些评判吧，回到唐代女子身上，看一看她们的健康、
大方、明媚的自信吧，她们如同艳阳下的春日好花，使人相信
一代文化曾经如此活泼过。

02

说实话，这段解读让我很感动，我们的历史也曾宽容过、
平和过、优雅过。

而千年以后，很多人犹不及古人，他们刻薄、尖酸、盲目，
在不知详情的皮毛处指指点点、评头论足。

如果一个时代的伦理缺乏了多样性和包容性，时代将是匮

乏的。

譬如自从有了网络,明星绯闻、隐私,各界名人的劈腿、出轨,社会名流的婚外情、婚内情、离婚、结婚、正妻与小三的互撕……就一直占据着各自媒体的头条与热搜。

这也催生出了很多职业,如私家侦探、婚外情调查公司等,还有很多所谓的"心理咨询师"介入,美其名曰"情感挽回""小三劝退""狙击真爱""分离小三"。

我对此感到十分困惑且孤独。

有些人为了博取眼球和所谓的流量,无所不尽其能地偷窥编造,疯狂贪婪地吸血。

一个又一个地打开别人的抽屉,看看里面有没有自己想要的新鲜血液可以蘸馒头吃,而从来都不想打开自己的抽屉,去看看你自身的内部,有多久没有清理清理、拾掇拾掇了。

以上,我并没就婚外情进行过多描述,只是让你通过蒋勋先生的举例,来看见价值取向的包容度和多面性。

婚外情就是这么一个比同性恋更简单的类别,它的伦理也再简单不过,那就是婚姻。伦理可以规定婚姻内的你们睡在同一张床上,却没法规定你们做着同样的梦。

探索的也不是出轨的那个人有什么罪过,也不是什么小三小四小五有多么乱伦,而是探索婚内的你们发生了什么,探索你们在内心深处的背叛。

更重要的是,要去看看婚姻伦理下的你与他,有多么孤独,而孤独的出口绝不仅仅只是一个婚外情这么简单。

狭义的"乱伦"

第一次知道这个，是小时候奶奶给我讲的一个故事：

很久很久以前，除了俩兄妹所有人都被大水淹死了。于是，繁衍人类的重任落在了他们身上。但他们是亲兄妹呀，怎么可以行不伦之事？

哥哥就对妹妹说，我从这座山上滚下半个石磨，你从对面山上滚下另一半，如果它们对上了，说明老天同意我们结合。妹妹同意了，结果两盘石磨真的对上了，严丝合缝。

妹妹又对哥哥说，我从山上扔下一根红线，你拿一根针在山下，若是红线能够穿过线孔，就说明老天真的同意。于是乎，那根红线真的越过峡谷，穿进了那小小的针孔。

最终兄妹结合，才有了后来的人类。

奶奶给这个故事取名叫"兄妹造人"，我却对此半信半疑，又十分好奇。

我觉得哥哥和妹妹结婚真的很奇怪，还有些莫名的小兴奋，总觉得有什么隐蔽的、私密的、羞羞的东西，吸引着我，也困扰着我。

长大后我知道那个故事有很多版本，也许你小时候也听过类似的，但中心思想都是"血缘婚配"。

所有故事原型来自一个神话：哥哥就是伏羲，妹妹就是人类之母女娲。

用狭义伦理来看，正是女娲伏羲的"乱伦"才有了我们。

"乱伦"这个词是最忌讳的，不但不能和别人谈论，就连想起来都觉得不可饶恕，恐怖程度甚至超过了死亡。

但若按我现在的分类理论，这只不过是扰乱了某种伦理类别，而这样的扰乱似乎真不少：

譬如，很多家庭成员的秩序混淆了，父母不像父母，子女不像子女，有的孩子会被当作工具对待，有的则被父母当作父母对待，孩子不得不过早承担起照料者的角色，父母却像长不大的巨婴。

在自由意识不断加强的价值观下，这个家庭似乎正在乱伦；对上一代父母、祖辈而言，孩子没有言听计从的"孝顺"，好像也是某种乱伦。

但这还不是最困扰人们的。

03

人们常说"女儿是父亲上辈子的小情人"，这话听起来很暖、很贴心，无论父亲、女儿还是母亲都不会觉得有啥问题，反而会很受用，父女甚至有些小骄傲，母亲甚至有些小嫉妒。

如今"情人"这个词似乎还有另外一种联想，那联想总与"性"有关，如果说"女儿是父亲上辈子带有性色彩的情人"，味道就全变了，一定会被视为病态和乱伦。

由此，我们所不接受的不是乱伦，而是乱伦会让人联想到"性"，并且还是"有血缘关系的性"。

这么一来，乱伦才成了最大的原罪和耻辱。

对此，我必须分享几个观点：

第一，牵扯到"性"的乱伦，是集体无意识的表达。

但凡民间流传下来的神话和传说，绝不仅仅是虚幻，而是人们头脑中的意象，人无法把超出自己想象力的东西编为故事。

所以，赫拉与宙斯的姐弟关系、伏羲与女娲的兄妹关系，都是人类集体潜意识的想象，这些想象既包括禁忌与恐惧，也包括突破与渴望。没有渴望的需求，就没必要恐惧、忌讳。

前面也提过，在古埃及、古中国都有过近亲通婚史，还是很长的一段历史时期。

就连离我们比较近的时期，甚至现代社会的某些偏远村落，也依然会有个别近亲婚配的习俗，那里的人们并没觉得这有什么，更不是乱伦，唯一的困扰是繁殖基因的不尽人意。

因此，在人类这个种族的集体潜意识中，与家人、族人发生性行为是存在的。

第二，原生家庭的影响。

先必须澄清一点：这里谈的"乱伦"与任何形式的"性侵害"是两个不同维度话题，绝不可同日而语。

很多人最早的性启蒙正是自己的家人，如哥哥姐姐、爸爸妈妈、各类亲戚等。

但并不是严肃地、有目的地、科学地对孩子进行性教育，而是靠孩子自己的偷窥与模仿。

太多人看到了父母做爱或与兄弟姐妹同学玩各种性游戏，其间没有大人引导，只是靠孩子自己的领悟和探索，过程中一定会引发各种想不通,这些想不通最终很容易变成想法或行为。

大人不仅不会正确引导,还会呵斥、贬低、羞辱孩子,好像孩子做了多么罪恶的事,这反而给了孩子继续窥探的欲望,同时又自我惩罚,冲突的形成也有可能在机缘巧合下见诸行动。

例如,父亲在女儿面前洗澡、上厕所,被女儿看到后就会苛责羞辱她,这是父亲本人潜意识"乱伦欲望"的禁忌和投射,女儿并不知晓,甚至父亲本人也不知道。

频繁发生后,会让女儿觉得自己是可耻的、有罪的,另一方面则会激发其进一步探索的欲望。

这一对矛盾并不会因为女儿长大而消失,反而会影响女儿的恋爱观、性爱观,就会逐渐表现在女儿与异性打交道的方方面面。

第三,乱伦行为与幻想。

对家人有"性的冲动"并见诸行动的确存在,特别在被忽略的养育环境和思想落后的偏远地区。

除了行动,更多人则是通过"想象"和"梦"来完成。

很多来访者都分享过他们的"乱伦之梦",和自己的父母、兄弟姐妹甚至自己的孩子,在梦里发生了性关系。

尽管只是一个梦,但对当事人而言简直可怖至极!整个人会瞬间懵掉,继而出现不可饶恕的自我惩罚。

我想告诉你的是:乱伦的梦、幻想都只是象征,它们绝不意味着你真想要与家人发生性行为,而是某种关系问题、情绪问题。

这些"邪恶"的念头和梦境，基本都与你和这个人的关系，以及这样的关系激发了怎样的情绪有关。

例如浓度太高、距离疏远、很多怨恨无法表达、很多愤怒和委屈无处释放；再如，你担心他快死了，你害怕他要抛弃你等。

概括一下的话，乱伦幻想与梦境代表你本人的空虚、攻击、发泄、愤怒、恐惧、挣扎。

那些与亲人有过性行为的，也不必过于自责。

人性是很复杂的，伦理相应也是复杂的，如果你不把自己放在一个更大的背景中理解自己，行为就会把你逼死或逼疯。

对"乱伦"的态度导致的悲剧大有人在，但乱伦仅仅只是一个敲门砖，映射出的是整个错综复杂的人性和人格，而不是单纯性行为。

把这个事件放在大背景下，如整个成长史、整个家族链、你所处的历史文化背景，再来看"乱伦幻想"和"乱伦行为"就不同了。

你需要被自己赦免和饶恕，别管他人畸形扭曲的指指点点。

04

以上，所有对"同性恋、婚外恋、不伦之恋"的诋毁，都只不过是这个历史时期某些人的"分类歧视"。

既如此，其他"不被允许的爱恋"你就更理解了，什么"独身者、跨代恋、性工作者"也就不在话下了，而更世俗的"门不当户不对、有钱没钱、异地恋"等，在爱情面前简直不值一提。

到此，"爱情与孤独"这个篇章已结束，接下来我将带领你走进"心灵成长中的孤独"。

第二部分

在心灵
历程中，
笃定地享有
孤独

第五章

心灵成长中的孤独

第一节

成长需要人格革命

不，我不要

这不是我的月亮

不是寒冷纯净的代表

不是潮水的主人

不是女性身体周期的决定者

不是牧羊人天象师眼中那盏多变却可以预见的灯

在变化中发光

黑暗的夜晚带来了蝙蝠、鬼魂、女巫

以及那些撞上我们的东西

我的月亮上没有旗子，没有僵硬的旗子

它的生命在于它生动的美丽

它变幻的光芒

还有它的明亮

——温尼科特《登月》

01

除非实在受不了，否则没人愿意革命。

和平多好啊，可以安静地过小日子，享受生活中的小温暖、小美好。

可历史总不安分，世间事总是合久必分，分久必合，分分合合的长河中涌现出数不清的革命浪花，从"风萧萧兮易水寒"的荆轲，到"千金不惜买宝刀"的秋瑾，无数革命者浩浩荡荡奔涌了几千年。

历史会记住他们的悲烈，却忽视了他们的孤独，革命者的孤独！

"革命者的孤独"，在于他们并没安坐在统治者规定的"伦理"内，也没有像"不伦之恋"那样只是孤独于自己的事情。

真正的革命者要的不是边缘化，不是模糊化，而是要推翻、要颠覆、要"敢叫日月换新天"！

这是一种大抱负、大情怀、必然就有大孤独。

作为心理工作者，我不谈历史，不谈那些轰烈悲壮的民族革命，我想说的是：

对每个人格而言，同样也需要一场革命！

在这场"人格革命"中，你也是孤独的，你的孤独可能影响不到历史进程，但一定会载入你个人、家庭，乃至家族的史册！

人格革命同样需要极大勇气、需要流血牺牲、需要团结一致、需要视死如归、需要巨大能量的！

人格革命也要推翻旧体系、颠覆旧政权，需要与顽固派做斗争、需要策略、需要方式方法，更需要一次次在废墟中倒下再起来。

人格革命者也需要创新、需要面对冷嘲热讽、需要面对质疑，甚至直面被杀头的危险。

有的少年从楼上一跃而下的刹那，以惨烈的牺牲来证明革命的信念，那殷红的鲜血，也仿佛在诉说革命者的孤独。

"人格革命"中的集大成者，莫过于"哪吒"。

我时常想，是什么力量让那个孩子"剔骨还父、割肉还母"？是什么力量让他与家族断裂，从此两不相欠？

他疼吗？他孤独吗？

既然痛不欲生，既然孤独至极，又为何这般决绝？

因为，人格革命从来就是必需的、必要的、决绝的。

否则就会丧权辱国，就会一而再再而三地割让土地，就会在夹缝中生存，就会讨好、迎合，就会当汉奸，甚至失去自己全部的人格，就会把主动权交由他人管理，被殖民、被奴役、被使用、被剥削、被压迫，过着奴隶般的生活、毫无尊严地苟延残喘！

人格不能站起来，不能独立，就会在关系中永远被动、永远落后、永远挨打、永远抬不起头！

你说，这难道不需要革命吗？与巨大人格自由相比，冒点风险又算得了什么！

壁虎尚且断尾求生，何况人乎？！

02

一提到"心灵成长"，很多人想到的是改变、温暖、滋养、疗愈；少有人会想到孤独、失落、悲凉、哀伤。

事实上，没有那些孤独与哀伤，就不会有后来的疗愈与滋养，心灵成长的过程就是人格革命的过程。

如今，心灵成长已被多数人接受，总有心理学爱好者互相邀请："咱去参加某个心灵成长吧！"双方相视一笑心有灵犀。但若邀请对方："走，咱去参加某场革命吧！"我想，被邀请的人会很警惕。

他似乎嗅到了危险气息，他会衡量自身的勇气指数，三思而后行。

人的本能之一，是自我保全，而非心灵成长。

如果井底之蛙不晓得外面的繁华，它绝不会贸然跳出那口生活了多年的水井。

如果井里的水质还好，有供它食用的小虫小虾，还有几个坑壁供它歇脚，无聊了还可以看看那茶杯大的蓝天，运气好的话，也许会飞过一只美丽的鸟儿。

跳出井口？革命？可笑！

人也如此，如果老婆孩子热炕头还凑合，在关系中过得也不算委屈，还能想吃肉的时候就去吃，那为啥革命？吃饱撑的？

因此，革命是有条件的，或者说心灵成长是需要前提的。

人格革命、心灵成长的基本条件是："生存策略"遇到了威胁，此路不通了。换句话说，惯用的生活方式失效了。

每个人都有独属于自己的一套"生存策略"，这是从小学会的，用得很顺手、很习惯，也很自然，每每使用效果也都还是不错的。

策略一旦失效，生存就是问题。

井里的水即将干涸，青蛙就不得不考虑其他活下去的出路。

03

下面将以"讨好型人格"为例，来描述"人格革命"（心灵成长）的基本过程。

"讨好""迎合"就是你生存策略的主要武器。

每当关系遇到危险时，你总是顺从，关系就不那么危险了。

当伴侣阴沉着脸指责你、呵斥你时，你就好好好、是是是、都听你的、你想咋样就咋样吧，或沉默不言语……

咦，你发现这相当神奇，对方立马平静下来，顶多再说几句让你长点记性之类的，对方态度温和了，古语不是说"伸手不打笑脸人"嘛，你赢了，你的生存策略起效了。

你偶尔也会想起这套策略最开始的样子：

那时父母一吵架你就好乖，做家务，各种逗他们开心，你发现他们不吵了，还夸你懂事。

或他们骂你的时候，你表现得很无辜、很委屈、很可怜，然后改正错误，你也发现，他们对你没那么凶了。

从此，你觉得这个讨好真好用，从那时起，它就变成了你的生存策略。

你越用越习惯，越用越娴熟，熟练到自己不笑不说话、一说话就很轻柔，别人做什么决定你都赞成，关系中你总是小跟班，决定权永远在对方那里，什么都不用操心，整天乐呵呵的，十分安全。

但也许是随着时间推移和年龄增长，也许是你的孩子被人欺负或叛逆，你开始在焦虑中反思，并慢慢觉得好像哪里不对劲。

例如：

- 你会失误，会不自觉把事搞砸，继而引发别人的挑剔、不满。
- 会常常一个人的时候掉眼泪，却不知为何。
- 会偶尔暴跳如雷、怒火中烧，伤及更弱小的孩子或朋友。
- 开始讨厌自己，笑容和讨好让你感到恶心。
- 总觉得什么都做不好，一事无成，开始挑剔自己。
- 总觉得自己不重要，没人在意你。
- 开始觉得活得很憋屈，却无处倾诉。
- 寂静的夜晚，你开始觉得冷、觉得孤单。

……

你开始怀疑人生：为何之前没觉出来？还总以为过得很好、很平静，是什么变了吗？

是什么呢？

04

我来回答你：其实什么都没变，策略还是那个策略，只是它带来的副作用让你厌倦了，你内心某个东西开始苏醒了。

内在苏醒的重要标志是：你开始对自己不满。

这些不满，就是"反抗"的萌芽：

我为何要看别人脸色？我为何事事都要听他的？我为啥假装快乐？我为啥委屈自己？为啥活得这么窝囊？

苏醒的另一个标志就是：同样的感受，看法变了。

例如"窝囊"，你之前可不这么想，也许会认为是"谨慎""仔细"。

你开始纠结，纠结是革命的前奏。

这么做合适吗？那么做合适么？好像怎么做都不合适！

例如，给孩子包容自由合适呢还是给他规矩要求更合适？让孩子勇敢合适呢还是让他小心合适？独自看场电影合适呢还是陪伴侣去他父母家合适？我应该怼回去呢还是假装无所谓？

你的生活开始变得拧巴。

纠结、拧巴久了，内心那个声音会说，管他呢，去他的！我都顺从一辈子了，还不能做点自己喜欢的了！

于是，你不再笑来笑去，你开始反驳，开始发表自己的意见，提出自己的需求。

但新的问题也产生了，对方不但没有像你顺从他那样顺从你，反而给你带来更大的打击。

争吵开始了。

多次争吵中你总是战败，但你却觉得很爽，屡战屡败、屡败屡战，能量就这样消耗着你，关系就这样动荡不安。

以前的宁静被打破，你进入了愤怒期。

有一股怒火时常在心中燃烧，你总想和谁吵一吵、干一架，却又困惑不已。

你好想回到从前，你越这样想就越回不去，反而变本加厉，让你更无计可施。

某天，你听到朋友在参加一个什么亲子关系讲座，或什么心灵成长课程，或给你推荐了一本心理学的书籍、文章。

身心疲惫的你，开始了探索之路。

经过几年的学习，你听到了很多令人振奋又半信半疑的词汇，如"原生家庭""代际传承""强迫重复""投射""创伤"等。

它们让你知道，内心原来还有个"潜意识"，原来"孩子的问题和父母有关"，原来痛苦都是因为"情结"没处理好，原来世上还有一群人专门研究这个。

你开始了更艰难的觉察与践行。

你不断在夫妻关系中看见自己，在亲子关系中反思自己。

你一边成长、一边痛苦，一边痛苦、一边想要更大的成长，即便冒着家人、朋友的冷眼与嘲讽。

你不再把赌注下在别人身上，经常提醒自己别在意他人眼光，别再像以前那么顺从。

你的人际关系也变了，变得陌生了，好像他们不是原来的样子，你们的交流开始变少，关系开始疏远，你开始觉得没人懂你、理解你。

你感受到了——孤独。

05

有一半以上的来访者，在这个"孤独期"找到了我。

另一小半则来自更早的"纠结期""焦虑期"。

最终留下来的一般是"孤独期"和"纠结期"的来访。"焦虑期"来访还需要生活给他带来更大的刺激，才能进入下一阶段，也才能相信"原来革命是需要有人支持的"。

心理咨询师在这两个时期接手恰到好处，是因为"革命"已经到了关键阶段。

他们想要去反抗、呐喊、断裂，但又被孤独导致的"愧疚""背叛"深深折磨，每往前一步都面临着某种"失去"。此刻，最需要依赖和支持。

多年前，我第一次寻找咨询师也是如此。

那时的我走在大街上，看着熙熙攘攘的人群，感到很冷很冷的孤独，仿佛我与他们格格不入，仿佛我被社会遗弃了，这世界所有繁华都与我无关，我形单影只，我孤独落寞。

我想呐喊、想刺破，又觉得无力，我需要同伴，渴望同道中人，我需要有个声音告诉我："去完成你的使命吧，你是对的！"

如今，我成了很多人的背后之人，我立场坚定、态度明确、不忘初心，我用尽所有来告诉他："去吧！去进行完你的人格革命！我必定与你同在！"

06

人格革命进行到底的重点，在于被另一个人（一群人）向你传递：第一，被允许；第二，你不是一个孤独的出走者。

尽管革命是孤独的，但从此你背后有人了。

我常反思温尼科特那句话："早年被中断的体验，需要在以后延续上。"

我认为：但凡你一直存在被剥削的经历，"起义""反抗""革命"注定要发生！除非你从了命、认了怂，否则人格必须趋向整合。

大多数人一旦有了信任的同盟（如咨访联盟），革命之火就会熊熊燃烧起来。

外在突出表现在：

第一，对现实养育者"恨"的表达。

这是绕不过去的坎。

无论你是减少了去父母家的次数、增加了与他们争吵的次数，还是把他们拉黑、删除，甚至断绝关系——都是内在革命的外化。

而与现实父母的纠缠大多是无效的，就算哪吒杀死了自己，那个托塔天王李靖连眼都不带眨的。

因为，父母都有他们自己的人生故事，你挑战的是他们的"生存策略"，他们那个年代，并不具备失去"策略"还能革命的能力。

你失败了，但，却是成功的。

你革的不是现实父母之命，而是早年的养育方式，你反抗的不是父母，而是那个不能反抗的自己。

如今的革命，是在告诉那个孩子，"你是可以的！""现在没人可以这样对待你！"

第二，外部关系、旧模式的舍弃（转化）。

随着革命的深入，你会发现值得被称为"朋友"的人越来越少。你对之前自己的浅浅交往感到无意义，甚至可悲，你会减少无用的交际，你会去寻觅其他"革命者"，并与其纠缠其中。

关系的变化意味着曾赖以生存策略的失效。如同与父母决裂一样，也是革命必经之路。

与此同时，你会感到莫大的失落——革命（成长）的代价就是失去。

你必须要承受这失落，还会伴随无奈、愤怒、悲伤，也会有更大的背叛与愧疚。

此阶段，你很害怕（也很容易）再次掉入深渊，外在表现就是把关系、工作搞砸，让自己再次陷入泥泞。

但我要告诉你："别怕，你值得为自由而战！"

同时我还要告诉你："别慌，这只是一个阶段。"

07

孤独中前行的革命者，最终会迎来朝阳。

所谓"朝阳"就是"和解"——你与自己和解了。

你与内在的自己和解了，你的父母、伴侣、孩子、朋友就会重新归位，一场硝烟弥漫的战争过后，阳光必定浮现。

说来奇怪，你还是你，关系还是关系，但你又不是你，关系又不是以往的关系——革命成功了。

你更看清事实与真相，更明晰需求与边界，更加确定你在关系中的位置，这都让你如释重负——你浴火重生了。

"重生"的标志是：少了拧巴和纠结，对自己的情绪行为负责而不愧疚。

你可以继续迎合、讨好，你该怎么孝顺还怎么孝顺，但，这只是你的选择。你的讨好已被自我掌控，你的孝顺更加真实。你看得清清楚楚，你要的是什么、不要的是什么。

顺便告诉你，革命顺带的成果是：别人不再轻视你。

第二节

成长的必经之路

广义来看，人一直在"心灵成长"，一直在遇见"未知的自己"。

只不过有人还没上升到意识，对痛苦并未觉知，一旦被觉知，痛苦就降低，这是被精神分析反复印证过的。

之前，你一直往火坑里跳却又不知为何，这是"双重痛苦"，一边忍受被火烤的炙热，一边又对"不知为何"苦恼不已。

当你知道因何一次次跳入火坑时，就知晓了"为什么"，后者让痛苦有了确认，一旦有了确认，把控力就会提升，你就不那么害怕了，就会有"哦，原来如此"的通透感。

与此同时，你知道原因后，难道还会跳火坑跳得那么频繁吗？"火坑"含义很广，无论关系里的伤害，还是自身无力感、孤独感，或是抑郁强迫这些所谓的症状。

"知道痛苦的原委"是心灵成长的首要任务。

这个"知道"却不简单，绝非某个权威给答案或建议，你认可了，然后就好了——这是幻想。

真正的"知道"要去"体验"，要在真实场景或关系中重现并疗愈，那才是知道，佛家称为"顿悟"。

不断顿悟的过程就是心灵成长的过程，就是疗愈的过程，就是告别过去自我、迎接新生自我的过程。

本节试图与你分享其中的"坎",只有不断翻越这一道道坎,才最终获得解放,这个"坎"我称为"心灵成长的孤独"。

我不按照步骤描述,而是单独呈现,但你要清晰,它们都是混合在一起的,都会出现在其中任何一个阶段。

01

第一种:现实的孤独。

"金钱"作为人类相互连接的手段,一定首当其冲。

贫困地区的心理问题一点都不少。只是,那里的人们顾不上什么心理成长,填饱肚子是首要任务。

马斯洛的需求金字塔清晰呈现了这一点:一个底层需求不被满足的人,无法进入上一层。

至今回老家,老乡问我做什么,我若说心理咨询,他们则一脸愕然,若我说"给孩子辅导作业",他们就明白,"哦,当老师不错"。

倘若告诉老乡,需要花钱找个陌生人聊天,他一定觉得我疯了,有这些钱还不如吃顿好吃的呢。

这就是基本需求,在很多人眼中"吃"才是王道,太多人穷怕了,吃好穿暖几乎等同于心理满足。

现如今,食物因其易得性和可控性,依旧是有些人获得心理满足的首选。

我很支持那些公益的心理普及、心理治疗。

因为除了钱，很多人缺乏心理资源，也是一个现实问题。

痛苦无处倾诉如同牙疼找不到牙医一样难受，再没几个说心里话的朋友，压抑是必然的，在相对落后的农村，有人就是被这样憋屈死、憋屈疯的。

若收入尚可、思想尚可、资源也尚可，接下来的现实就是不被理解。

前几天和一朋友喝茶，他电话响了，那边说"我心里很委屈，想找你说说话"，于是他们聊了半个多钟头。

这就是典型的"寻求理解"，一个人还有知己可以通宵聊天诉说心事，孤独感一定降低，我常说"孤独一旦被分享就没那么孤独了"。

痛苦也是，一旦被分担就没那么痛苦了。

但现实却不如意，说心里话的人越来越少，甚至越是朋友越隔离，很多的攀比、功利、羞耻心在起作用，每个人都在向对方展示好的一面，不好的一面自然就被隐藏了。

有些来访者不能告诉家人朋友，他在接受心理咨询。

告诉一个不理解自己的人，痛苦不是被分担，而是被强化，这是"二次痛苦"。

太多走在心灵成长路上的人，一次次被家人用心灵成长作为攻击的武器："还学心理学呢，还做咨询呢，还心灵成长呢，都不如不学，越学越犯浑了你！"

——这些充满戾气的语言暴力活生生响在耳边，力量弱的人很容易被灼伤，毕竟那些使用语言暴力的人打小没学会宽容，说话又硬又生又冷，长满了刺。

02

第二种：投射的孤独。

"投射"的概念经常被滥用，基本的一点就是但凡觉得别人不好，就会被认为是投射。这是不公平的。

第二点是"世间万物都是内心的投射"。人们信了这话，不是说这话不对，而是过度相信会扭曲认知，会增加自我攻击的可能。

投射原本是潜意识的发生，当事人并不知道发生了什么，是"把潜意识不接受的部分投在了他人（事）身上"，这是一种防御，是一种无意识的保护。毕竟，让青春痘长在别人脸上会让自己好受些。

你不必让"投射"替他人背黑锅。

任何关系，都绝不是其中一方的投射，而是复杂的心理过程，复杂到只有对彼此无意识相当清晰之人才能辨别。

"我觉得你讨厌我"——究竟是你认为自己不值得被喜欢？还是你做了什么让对方讨厌你？还是对方就是讨厌你？——我想，唯有深刻而坦诚的关系才能大致区分。

"投射孤独"的前提是排除了对方的东西，只剩你本人的投射，例如上面的例子，"是你觉得自己不够好"才会"觉得对方讨厌你"，接下来才有可能去探索"为什么？"

大量的生活投射让人苦不堪言，最典型的就是亲子关系，"我知道要给孩子包容，但我就是很生气，就忍不住吼他、骂他、揍他"。

太多人被这类投射折磨，然后愧疚，然后继续重复。

"你小时候被暴力对待才会这样对孩子"——这是幼稚的自以为是，把复杂情感总结成公式没有任何意义。

这也带有某种自恋，为何孩子需要你接纳？凭什么不给就更糟？自以为是不仅让你本人苦恼，还剥夺了孩子的特质。

解决这个难题的第一步，就是去除"投射"。不要自怨自艾，不要认为是投射惹的祸，而是分离。

先要把你和孩子看作两个人，而非你和投射的自己，后者其实是一个人。

既要探究你，也要探究孩子。那些不接受的互动姑且保留，并不是鼓励你继续打骂，而是对打骂孩子的自己进行理解。

一旦扭转这个认知，投射就被意识化了，就不用拿原本保护我们的东西当作攻击自身的借口。

"我这样做是可以被理解的"，而不是"我这样做是不应该的、有罪的"，至于如何理解，就需要继续探索了。

顺便说一句，一旦有专业人士说"你是投射，是把你的痛苦强加在孩子身上，因为你曾被你的父母这样对待过"的时候，不必自责，你要确信：这个专业人士不专业，他正在用分析指责你，以此满足他的分析需要。

03

第三种：反转的孤独。

"反转"是我命名的，它不是一个词汇，而是一个潜意识过程，唯有将此过程进行到底并实现某种渴望，才会获得成长。

用咨询关系举例：

如果咨询过程很顺利，如果来访者是一个"好来访者"，基本可断定"他并没足够信任你"，他在用保护自己的方式向你咨询。

用温尼科特的话来说就是"来访者正在用其假自体与你工作"。

而暴力分析会强化他的假自体。他越觉得你危险，越不能放开自己，就越不能谈真实想法，咨询就会中断。

只有他的"真自体"和你互动时治疗才开始，我把这个"真自体"称为"内在小孩"。内在小孩可不那么好惹，他会脆弱、警惕，会愤怒、挑剔，会真像个孩子一样阴晴不定、无所顾忌。

这样的时候，你还能接住吗？当这孩子哭闹、抓破你脸的时候，你还会爱他吗？

关系的伤害恰恰来自"孩子时刻"，若是"成人时刻"则很少会被攻击到，因为防护无处不在。

只有来访者变成了"孩子"，并用孩子的状态与你打交道，你们有许多"孩子时刻"，才有机会碰触真实需求，才有机会帮他"反转"。

内在小孩任何的激惹都在表达"我这么糟糕你还接受我吗"？

你一次次接住这孩子，他被一次次证实"原来我这样是可以被另一个人所接受"的时候，他就不再用糟糕的方式表达了，就获得了心灵成长。

同理，咨询关系也可以延伸到亲子关系、伴侣关系。考证一个人究竟爱不爱你就是在你不够好、不够顺从的时候。

有了"我是值得被好好对待的""就算我不好也没关系"的体验，我就说你实现了反转。

反转之后，你才可以不投射给孩子，才能拥有良好的亲密关系。

很多人反转失败了，多次失望后开始怀疑"世上真有好人吗？存在真爱吗"？

我来告诉你，世界上虽不存在无条件的爱，但的确存在真爱，的确有人愿意接纳你。只是，你不必被狭小的圈子框住了思想。

04

第四种：缓慢与反复。

太多人不是没能力获得成长，而是太着急了。

我认为，这个社会本身就太着急了。人们刚吃饱饭没几天，就被鞭策着考第一，被逼着优秀，这催生了大量焦虑。

于是，一个人活着不再为了自己，而是为了"证明自己活着"、为了"被看见"。

被看见的筹码就是"要优秀""成绩要好""赚钱要多""房子车子要豪华""职位要高""孩子要同样优秀"……

这个过程人是相当孤独的，因为他失去了自己的全部或者一部分。

同时又不能承受缓慢，好像前面有个要求和目标，"只有快速解决了痛苦，我才足够好"，这样的心灵成长本身就是焦虑。

更别说什么反复了，"为何成长那么久还是赚不来钱、处理不好关系？"——反复之所以是常态，是因为习惯的模式不可能被全部清理。

潜意识认为，"完全清理掉痛苦就是背叛"，背叛的不是别人，恰恰是你自己——"你觉得过去的自己简直白活了"。

故此，要尊重潜意识运行的规律。如同社会进程，绝非一下就从农耕社会跳到网络社会，其中必然要经历工业革命和现代科技发展阶段，就算全球网络化的今天，也会在某些区域依然保持农耕文化，甚至狩猎文化、原始文化。它们不也都与科技文化共存吗？

人格也如此：就算成长起效了，有时还是会被刺激"打回解放前"，这是正常的，而不是你失败了。

我们的目标是携带过去一部分模式继续前行，而不是大换血。接受缓慢与反复，是人格成熟的标志之一，否则只会带来额外创伤。

05

第五种：失去的哀悼。

我们不但要接受缓慢与反复，还要哀悼失去的部分旧有模式。

就像一个农民站在被工厂占领的田地旁潸然泪下。

他知道工业会给自己带来更大的财富与便利，但依旧舍不得庄稼地，因为那里有他的汗水、他的岁月，难道不该为此哭泣吗？不该怀念吗？不该哀悼吗？

如同你的顺从与讨好维系了多年，它们曾让你远离危险和冲突，让你得到了一部分重视，让你还有用。现在，成长不代表你要攻击所有人，你的不讨好更不代表要杀死过去的自我。

你只是换了部分生存策略而已，就像那个农民，换了部分谋生的方式。

他可以偶尔租一小块地种种菜，保留部分过去的模样，如今，"城市小菜园"之所以如此时髦，就是满足了父母那一代人的"丧失情结"，绝不仅仅是吃个新鲜菜那么简单。

记住，过去绝不可被抹杀，而是要哀悼和告别。

无论多么难堪的旧模式都有当时存在的价值。

潜意识以为，离开了某种"熟悉之地"，一定会有诸多不适应、一定会怅然若失，也一定需要表达，才能真正"人格独立"，如同刚离开父母去外地求学的孩子，要一封一封写家书、发视频。

哀悼失去，就是成长本身。

第六章

丧失与
孤独

丧失之痛

他曾经是我的东，我的西，我的南，我的北，

我的工作天，我的休息日，

我的正午，我的夜半，我的话语，我的歌吟，

我以为爱可以不朽，

我错了。

不再需要星星，把每一颗都摘掉，

把月亮包起，拆除太阳，

倾斜大海，扫除森林，

因为什么也不会，再有意味。

——奥登《葬礼蓝调》

01

死亡是"终极孤独"的主要来源之一。但在"亲密关系里的孤独"中，还夹杂着一种孤独感，那就是：

"我还没死，另一个重要之人却先我而去。"

我们穷尽终生来用亲密、用关系抵御内心巨大的孤独与虚

空，然天不遂人愿，那个让我们深以为然的亲密就这样不可逆转地离开了。只剩下茕茕孑立的孤独。这孤独包含了失落、悲伤、孤寂、思念、遗憾，也有愤怒与怨恨。

如安东尼·斯托尔所言："死亡就这么不分青红皂白地剥夺了自己的亲情，对任何人而言这都是一种不公平，却不知道该向谁去讨个说法。"

这是终极分离体验，是"生离死别"中的"死别"。

特别喜欢一个八分钟的视频短片，是著名动画片导演迈克尔·杜德维特于2001年上映的作品，名字叫《父与女》。

自从踏入心理学领域，我在各种场合都提到过这部作品，无论给学员讲课还是写文章，每每讲述都会引起很多人动容，但凡身处关系又对亲密之爱有着眷恋的人们，都需要重温这部作品。

可以这么说，是这部作品让我把重点放在了研究亲密关系中，也是它让我对依恋与丧失、对分离与创伤有了更深刻的理解。

现在，我依然想用自己的话描述一遍《父与女》：

在女儿小时候，父亲带她去湖边郊游，父亲乘坐的小船却渐行渐远，直至消失不见。

站在岸边的小女儿来回寻找、等待，却始终不见父亲归来。第二天、第三天、以后很多天，女儿总会去那个岸边，从清晨到日暮。

时间继续流逝，转眼女儿上学了，她骑着单车依旧回到父亲离开的岸边徘徊、等待；有时和一帮同学经过那里也总是停下车子眺望远方，远方海鸥飞过，海风依旧没把父亲带回来。

女儿恋爱了，他和爱人也会去那里等待、眺望；

女儿结婚了，依旧如此；

女儿有了俩孩子，他们一家四口依旧执着地去那个岸边；

女儿渐渐老去、渐渐老去，她的腰弯得越来越厉害，拄着拐杖踽踽前行，唯一不变的还是会去那个岸边。

湖水依旧那么蓝、水草依旧无声蔓延、她等的人依旧杳无音讯。

结尾处，湖水不见了，也许沧海真能变桑田，这位等待一生的老妇人（女儿），一点点走向湖中央，就在芦苇尽头，一艘木船躺在那！是的，那是父亲的船！老妇人艰难爬进了那破旧的木船，蜷曲在船中央，像是依偎在父亲的胸膛上。

接下来，老妇人变成了中年女人、青年女子、青春少女，又变回了那个小女孩！她笑着张开双臂跑过去，和父亲紧紧抱在一起。

就在刚刚敲打这些文字时，那些画面再次浮现，我依然会心跳加速、会莫名哀伤、会起鸡皮疙瘩，我知道自己被再次触动。

我感到了那个女孩深深的孤独，我想，你也是。

也许，一千个人看了会有一千种感悟，但，我就是看见了丧失与别离，以及别离后无可挽回的孤独，还有一次次强迫重复那别离的体验。

这让我想起了我的奶奶，她离开我已经20年了。

02

一周前的中秋假期，我带家人回故乡小住了 5 天，某个清晨我独自去到奶奶坟前，给她点上根烟，一边陪她抽一边告诉她：一根就行，少抽点。

秋风过处，山楂树沙沙作响，几颗山楂掉进泥土中分外艳丽，即将升起的太阳，红得发冷。

那天上午，我带女儿爬上了附近一座小山，指着山下那片被收割完的空旷的玉米地，告诉女儿，原来那里是一个苹果园，我和我的奶奶就在这个山坡"安营扎寨"看护着果园，每每夜晚，就会觉得星星离得很近很近。

女儿不作声，眼睛忽闪忽闪的，我俩在一棵大柿子树下待了很久。

多年前，这里也有几棵柿子树。奶奶常常给我"烤柿子"吃，很软、很甜。于是，我学着记忆中奶奶的样子，也给女儿烤了一颗柿子，看女儿好奇地捧着烧焦的柿子，如同看见了当年的自己。

这个夏天雨水特别多，许多泉水从地下涌出，汇集到故乡门前那条河，河道已干涸多年，如今遇见泉水便高兴地哗啦啦直响，岸边的青草们得到了滋养，越发绿了。

不惑之年的我站在河边久久伫立，像是回到了童年。

那个调皮的男孩歪着头问奶奶"我是从哪儿来的"，奶奶摸他的头，指着这条河笑着说："是奶奶从这捞来的。"男孩望着发黄的河水半信半疑，奶奶的手好粗糙啊，隔着头发都能感到那岁月的纹理。

而我，如同短片里那个女孩，站在水边，一模一样的孤独。

日本给这个短片取的名字不是《父与女》，而是《岸边的两个人》，我觉得这更贴切："岸"似乎是一条界线，一条无法逾越的界线。女孩在这头，父亲在那头；我在这头，奶奶在那头。

我想起泰山后山也有一条分明的界线，取名"阴阳界"。

03

诸多来访者的故事涌进了我脑海，他们同我一样，都经历过这丧亲之痛。

与"身后无人"不同，亲爱之人的离去往往是被动的、永恒的，离去得越突然，我们就越伤痛：

- 有人仅仅是吃了个饭，第二天，人就没了。
- 有人清晨还一起买菜，下午就分别在"岸"的两端。
- 有人要一个洋娃娃，父亲只去了趟商店，货车就把父亲带走了。
- 有人刚被外婆训斥了一顿，下午外婆就突发脑出血去世。
- 有人只是在海边度假，一个浪头打过来，女友就不见了。

……

- 从此我天天去菜市场，好像在那能找到他。
- 那以后，我不再玩任何玩具。
- 我多么希望外婆再骂我一顿啊。
- 我讨厌大海。

……

岸这边的人如是说。

遗憾如影随形！因为，我们没了任何的补偿机会。

- 如今，我看到袜子就会感伤，因为奶奶走的前夕，我答应要给她买几双袜子的，却终不能如愿。
- "我怎么就没亲他一口呢？"这成了一位痛失爱子的母亲最大的遗憾。
- "那天，我是可以改签的。"一位因工作没能见母亲最后一面的男士这样说，"从此，我害怕坐飞机。"
- "我干什么要去参加那次破考试！"一位中年女性喊道，"我爸说来看我，我居然让他等我考完试再来。"无尽的哽咽。
- "我一定好好学习，再也不玩手机了。"少年双手抱头失声痛哭。

令我记忆最深刻的是一位引产的母亲：

"当时我拼了命生下了她，只有850克，是一个非常漂亮的女孩。当医生把她送到我跟前时，她睁开了眼睛，眼睛是天蓝色的，鼻梁高挺，四肢修长。她看了我一眼。医生不让我保，说根本保不住，即使保了，后遗症也无法推测，我竟然同意了。孩子两个小时后停止了呼吸。我一直无法原谅自己，为什么不给她一次机会，也许她可以活下来。这是我此生最大的痛。"

这样的故事太多，也许在某个时候就发生在你身上。死神在我们和亲人之间，划了一道无情的界线。

影片《你好，李焕英》中，贾玲在病危的母亲床前痛不欲生。突然她穿越到了20世纪80年代，见到了年轻时候的母亲李焕英，上演了一出感人肺腑的母女情，一次次弥补着对母亲的愧疚。

观影结束后儿子紧紧拥抱着妈妈，一句话也没说。女儿含着泪问我，"老爸，你说有一天你和妈妈走了，我和哥哥该怎么办呢？我是不是也能像贾玲那样把你们变年轻？要不，我不长大了吧，那样，你们就不会变老……"

有位来访者也给我推荐了一部影片《一个明星的诞生》，主题涉及"爱与别离"。当最浪漫的爱情遇见了死神，一切温情在地狱门口戛然而止，所有的甜蜜轰然倒塌，取而代之的是无尽的思念与孤独。

几次想要看这部影片，都因为意外之事没看成，也许这是我本人潜意识的阻挡吧。

心理学家布朗和哈里斯认为："一个有过死别体验的人，在面对以后任何一种丧失之痛时，会更容易将之视为无方法避免、不可挽回的失去。"

因此，我们会无意识逃开这不安的痛。

《我将永不爱人（I'll Never Love Again）》是这部影片的主题曲，是女主角艾利对男主角杰克的悼念，是感情经历生离死别后的缅怀与告白。

歌词有一段写道："若是我早知道，这是我们最后相见，我会将我心割碎成两半，试着将你的点滴长存心间，不愿再度感受抚摸，不愿让爱火重燃，不愿再了解另一次的亲吻，不会再从唇间唤出他人姓名……我不会再爱！"

这首歌被分享出去以后，收到了很多留言，也许你可以透过下面这两条留言，来感受那痛彻心扉的孤独感：

- 这首歌让我热泪盈眶。我最近刚满 70 岁。上帝眷顾，让我跟所有曾经来过这个世界的人中最美丽的女人共度了 37 年的婚姻。她不只是我最爱的妻子，也是我最好的挚友。我最近失去了她，我握着她的手，陪她走过了她的最后时光。当时我不认为我能继续活下去。这首歌表达了我的所有感受。我不会再爱……在这个世界上没有任何人可以取代我的挚友，我生命的挚爱，我活着的理由。我等不及去见她了！

- 我丈夫在拖车上哭了，当他第一次听到这首歌。我以前从来没见过他哭。然后他告诉我他要看这个电影，我说好。几个月后他去世了，我们不会再有机会一起看这部电影了。他离开后，我拒绝看这部电影，因为我太伤心了。直到我终于有勇气看它，我发现 brad cooper（男主角）在电影中也死去了，当我听到这首歌，我彻底沦陷了……

是啊！我们选择放弃一部分独处的自由，换取与另一个人的相伴相守。我们也拥有过像艾利与杰克那样的浪漫相遇、相濡以沫。然而，死神无情夺去了这一切，我们——"永失我爱"！

04

遗憾不仅仅是无法补偿，还可能是无法"复仇"。

亲人对我们的情感绝不仅仅是爱，还有恨。随着他们的离去，我们连"翻身"机会都没了。

"若他还活着，我要让他看看，不考大学也能成功！"一位私企老板看着窗外，也许他的父亲听到了。

"妈，我还是没听你的话，我还在唱歌。"一位小有名气的驻唱歌手拿着吉他。视频那头，我看到他的泪水被琴弦切为两半。

我也如此，我用了很多年来表达对奶奶的恨意，她给了我最浓烈的爱，也给了我太多被抛弃感。

我鼓励你表达恨与愤怒，即便亲人已去了岸对面，这需要冒着巨大内疚与罪恶的风险，但若对方知晓，他定会支持你这样表达。

也许你的未表达之恨，正是他忏悔的地方。

爱与恨就是硬币的正反面，恨不能释放，爱就不会真实。

前些天是我外婆 97 岁的生日，这个活了将近一个世纪的老人不仅经历了国家的兴衰巨变，也失去了自己的三个子女。其中的一个舅舅自杀而去，那是一个我不能深究的故事，这成了外婆一生的痛。能让她活到今天的，我真不知道是什么。也许是绝望之后对命运执着的叩问吧。

我似乎相信，外婆参透了生死。

如歌手李宗盛，在《新写的旧歌》中就表达了对已逝父亲那错综复杂的情感：

到临老 才想到要反省父子关系

说真的 其实在回答自己

敷衍了半生的命题

沉甸甸的命题

它在这里 将我拽回过去

两个男人

极有可能终其一生只是长得像而已

有幸运的 成为知己

有不幸的 只能是甲乙

往事像一场自己演的电影

说的是平凡父子的感情

两个看来容易却难以入戏的角色

能有多少共鸣

是的！岸那边之人的不知所终，留给了岸这边的人无尽复杂的孤独。

而安抚这种孤独的，似乎只有两条路径：

第一条，好好别离；

第二条，爱与哀伤。

我会在接下来的章节中分别详细描述。

第二节

告别

天下万物各有其时，凡事也必有定期。

哭有时，笑有时；

爱有时，恨有时；

生有时，死有时；

静默有时，说话有时；

战争有时，和平有时。

——《圣经》传道书

01

世间走一遭的我们，不枉此生的也许就是遇见了一些人，他们和我们并肩作战，一同蹚过辛酸与忧伤；一同面对不可言说的孤单与惆怅；也与我们分享生活的欢乐与荣光。

上面说了，世事难料，与我们相爱相亲、爱恨交织的这些人总会被死神提前带走。如苏轼在《江城子》中对亡妻的追逝："……料得年年肠断处，明月夜，短松冈。"

肠断之处是：我们没来得及和所爱之人好好告别。

其实死神也并不总那么无情，他总在将死之人弥留之际留下一段时间，除让其学会接受事实以外，也给了生者与其道别的时间。

《相约星期二》中的莫里老人，和他的学生、家人、同事、朋友郑重其事地用了 14 周来道别，这是何等的幸事啊！

我在想，当年奶奶走的那段日子，我为何忙得不可开交？（潜意识让我至今也想不起那半年在忙什么）我为何不明白此一别即永别？为何没留下最想对她说的话，也没给她留下这样的机会？

所以，20 年过去了，有时我的孤独恍若昨日。

上天如果给了你这样的机会，让你得知亲人、爱人大限将至，一定要放下手头所有事，记住，是所有事！与他好好道别。这是缓解死别孤独最有效的环节。

与他们继续保持连接，继续把他包括在家庭和朋友的关系网中，继续维持你们原来的样子，而不是当他和你有多的不同。好让这个人得到"善终"。

我们总说一个人得到了"善终"或"不得善终"，那么，什么才是"善终"呢？

在多诺万和皮尔斯的《癌症护理》中，以病人的真实需求为基准点，列出了临终病人的权力清单：

我有权利被当作一个活着的人对待。

我有权利抱有希望，尽管希望的内容可能会变。

我有权利被那些充满希望的人照顾，不管这是多么有挑战性。

我有权利用自己的方式来表达对死亡的情绪和感受。

我有权利参与我的护理决定。

我有权利得到持续的护理和治疗，纵然无法被治愈只能使痛苦缓和。

我有权利不孤独地死去。

我有权利不受痛苦。

我有权利得到问题的诚实回答。

我有权利不被欺骗。

我有权利在家人的帮助下直面死亡，并帮助家人接受我死亡的事实。

我有权利安详、有尊严地死去。

我有权利保持自己的个性，不会因和别人相反的决定而受到谴责。

我有权利期望我的身体能在死后有一处庇护所。

我有权利被细心、敏感、知识渊博的人照顾，他们会努力理解我的需求，在帮我面对死亡的过程中得到满足。

这份清单我无比认同，如果这个人尽可能得到了以上权利，我认为他就"得以善终"了。

这份清单不但表达了临终之人的各项权利，也给护理、陪伴临终之人提供了绝好的参考，我们有责任依据这样的标准，来同亲人好好告别。

接下来，我将分别描述告别的一些关键要素。

02

对临终之人最大的不敬，我觉得是撒谎。而无论这个谎言你认为有多么善意。

很多人纠结在"要不要和临终之人说出他是否得了癌症？"，我的观点是"要"。

人最大的两件事，第一是出生，第二是死亡。前者我们没法自主决定已经是莫大遗憾了，临终若还不能得知自己的死亡，将是最大的惩罚。

没有什么比告诉临终之人即将离开人世的消息更让他感到自由了，无论他的表现多么震惊和痛苦，他都有权接受并面对自己在这个世界上的最后时光。

很多时候，善意的谎言只是用来欺骗我们自己，是我们不能接受对方的死亡，我们无法直面自己的死亡恐惧，所以用欺骗的方式集体隐瞒对方。

而临终之人对死亡是极度敏锐的。他总会在医生、护士、亲人的各种欲言又止、表情变化、探望的频率、讲话音量的高低、强忍的泪水、紧绷的面部中，觉察到自己即将去世。

而他们自己也选择不说，是因为他看出了亲人的不接受，是不愿让他们悲伤难过，以此为亲人掩护。

这种彼此"善意的掩饰"，只会让他更加孤独，本该被无私照顾的他临终前还在照顾别人，这是何等悲哀。

《西藏生死书》道："如果没有人告知临终者实情，他们怎能为自己的死做准备呢？他们怎能将生命中的种种关系真正结束呢？他们怎能照顾到许多他们必须解决的实际问题呢？他们怎能帮助那些在他去世后继续活下去的亲人呢？"

继续道："从一个修行人的观点来看，我相信临终是人们接受他们一生的大好机会；我看过很多的个人通过这个机会，以最有启示性的方式改变自己，也更接近自己最深层的真理。"

"因此，如果我们能掌握机会，尽早仁慈而敏感地告诉临终者，他们正在步向死亡，我们就是确实在给他们机会提早准备，以便发现自己的力量和人生的意义。"

我深以为然。重点不是是否告诉临终者死讯，而是告诉的方式要"仁慈而敏感"。要充满技巧、要平静、要悲悯，更重要的要依据临终者本人的性格特质以及你与他的关系，还有你们日常打交道的方式进行。

至今我母亲还抱怨父亲，说不该把肺癌的事实告诉奶奶，正是因为告诉了她，她的病才每况愈下。

之前我觉得母亲是对的，但现在我认为父亲的歪打正着是对的。作为长子的父亲应该告知奶奶实情，但是也许方式过于直接，也许父亲和他的兄弟还有母亲并没有达成一致意见。

是技巧出了问题，而不是事情本身。但我认为，即便是技巧的问题，也要强过隐瞒。

面对临终的孩子，这个原则也是有效的。

《温暖消逝》是一本讲述临终关怀的书，它在"如何面对临终的孩子"章节中说道："儿童和成年人享有同样的权利，他们有权利知道自己是否有生命危险。如果被蒙在鼓里，孩子们就会像成年人一样，很难从最初的否定和孤立阶段摆脱出来。这样的情况下，孩子就不会在最后的接受和顺从阶段获得本属于自己的平和、尊严。"

上面说的"阶段"指的是人面对死亡的内在感受所经历的 5 个阶段，依据先后顺序，依次是"否认、愤怒、谈判、抑郁、接受"。

这是伊丽莎白·库伯勒·罗斯在 3 年的时间里采访了大约 200 名成年患者所得出的结论。这 5 个阶段，简单理解指的是：

- 否认：表现为震惊和不相信，不承认死亡即将到来的事实。

- 愤怒：将失去的痛苦投射到别人身上。
- 谈判：做最后的努力以保住性命，为了生存向一切人和物祈祷。
- 抑郁：即将死亡的现实让人一蹶不振。
- 接受：面对即将死亡的现实，并做相应的准备。

我以为这5个阶段，不仅适用于死亡分离，也适用于其他重大分离，譬如离婚、失恋、失业、破产、疾病等。

当然，面对临终的孩子我们内心悲痛复杂、难以置信，"白发人送黑发人"是世间最大的痛苦。特别是尚未成年的临终的孩子，我们简直生不如死。也正因如此，更应该掌握"表达实情"的技巧，任何一点马虎，都会让孩子无所适从。

"得知实情"是让一个人有尊严死去的基本前提。

再多说一句，在心理治疗关系的结束阶段，也需要好好告别。分离的真正目的是让彼此人格自由独立。若想实现这个目的，就要纯粹、真挚地谈彼此，交流发生在你们之间的真实情感，分享一起走过的重要时刻、重要心路历程。

遗憾的是，许多分离就这样不了了之。在我的咨询生涯和现实关系中，也有过几段这样的不告而别，如此就好像并未结束的结束，内心某个地方只有道不出来的孤独感。

再回到死亡的别离，无论对成年人还是对孩子，无论帮助孩子理解他自己的死亡，还是帮助孩子接受他亲人的死亡，都是一项系统的工作。

强烈建议提前学习如何做一名"临终关怀者"。学习的条件只有一个：有一颗慈悲之心。

下面这首诗歌，是告诉孩子们他父亲去世的消息，希望你能感受到些许：

孩子们，听我说：

你们的父亲死了。

用他的旧大衣

我会给你们做小外套；

用他的旧裤子

我会给你们做小棉裤。

在他的口袋里

该在的东西都还在，

这些钥匙和硬币

被烟草盖着；

丹拿这些硬币

存进银行里；

安拿这些钥匙

造出美妙的声响。

生活还得继续，

死去的人终被遗忘；

生活还得继续，

尽管好人死去；

安，快吃早餐吧；

丹，快把药吃了吧；

生活还得继续

我只是忘了为什么。

——文森特·米莱《挽歌》

03

无论多么坚强勇敢的人，在弥留之际都是恐惧的。

那些舍生取义之人只不过用巨大的信仰压抑了自身恐惧，潜意识深处，没人不害怕死去。

因此，鼓励他们表达恐惧、担忧、遗憾、深度无助、极端焦虑等负面情绪尤为关键。这也许是协助他接受事实最开始的环节，而不是帮助他隔离这些情感。

"没事的，医生说很快就好了""不要怕，我会在你身边""勇敢点，你是最坚强的""医生可能误诊了"这些话都在隔离对方的真实情感，也都在压抑你本人的恐惧。

心理治疗的一项基本原则在此绝对起效，那就是：他愿意诉说痛苦情绪时，你在听。

如果此时，你能深切感受到他的苦难与忏悔，那就太好不过了，也算是最好的告别了。共情的力量是世间最稀有的珍宝。

"我在诉说苦难的时候，是被允许的，且有人在用心听，并试图努力理解我，这是对我最大的尊重。"许多来访者都在如此表达对我的谢意，而我只不过做了最基本的"倾听"与"共情"。

陪护临终之人者若深谙此道，那将是临终者莫大的幸事，而这个人最好是至亲之人。

当然，你首先要保存好自己的情绪，如同一个心理咨询师首先要照料好自己内心是一样的。

人在弥留之际会出现太多复杂情感体验，由于跟随他这一世的一切的一切都将随着生命的终结而终结，所有的不舍、遗憾、关系、爱与恨都将随风而逝，他有绝对权利来表达丧失与忏悔。

我强烈主张相关制度体系能在医院建立这样的科室：由经过专业临终陪护训练的医生或护士组成，带领病房内被宣布死期的患者组成团体，大家在一起自由表达内心真实想法，分享濒死体验和世间遗憾。同样，也可以和自己的亲属组建团队，来表达各种情绪感受。

人啊，为何非要等到斯人已逝，才用殡葬仪式和追悼葬礼安抚活着的人呢？大限将至的人其实比活着的人更需要。

如今可喜的是，有许多自发组成的"临终关怀小组"正在渗入这个领域，我真心希望这样的团体越来越多。

需要特别指出的是，无论亲人还是临终关怀小组，都要避免"拯救情结"。

《西藏生死书》中说："有时候你难免会忍不住要向临终者传教，或把你自己的修行方式告诉他。但是，请你绝对避免这样做，尤其当你怀疑这可能不是临终者所需要的时候。没有人希望被别人的信仰所'拯救'。记住你的工作不是要任何人改变信仰，而是要帮助眼前的人接触他自己的力量、信心、信仰和精神。"

绝对地尊重他，绝对地以他的真实意愿为主，即是对临终者最大的慈悲，也是对你内心避开孤独感最适当的态度。

关于"如何与临终者告别"，下一节我会接着再谈。

第三节
哀悼

当重要亲人去世或重大的创伤事件之后，我们需要对自身或关系进行哀悼。这个哀悼意味着我们把贯注在这个人身上的投注力转移出来，只有这部分力比多撤出后，我们才可以投注在新的对象上面。

——弗洛伊德《哀伤与抑郁》

01

在"永失我爱"这个篇章我重点谈的是"重要客体的死亡"带给生者的孤独，里面涉及如何与亲人做最终的告别，以及接下来要谈的生者如何安顿好情绪继续生活。

第一节我就谈过，缓解这种孤独感的两大要素：第一是好好别离；第二是爱与哀伤。

那么，"爱与哀伤"中的"爱"指的是什么呢？

是对我们自身的安抚、支持、理解的感觉。这个感觉可以是别人主动给的，也可以是自己给自己的。

"告别"缓解了与去世亲人的最终情绪，而我们的悲伤才刚刚开始，很多悲伤来自亲人去世后的几周、几个月甚至几年、更多年。

如同我自己，奶奶走的那几个月我好像在"例行公事"，完成某种社会层面的义务和责任，真正的悲伤是从半年后写日记才开始的，记得当时日记本被泪水打湿，是文字开启了我的悲伤之旅。

你与亡者亲密度、纠缠度、依赖度越高，你的悲伤、孤独的感受就越强烈、缓解这些感受的时间也就越长。

此时的你更需要爱，这些悲伤和孤独需要爱来抚慰是理所当然的。

我们会看到很多习俗，例如手捧鲜花、礼品去探望丧亲之人；带他出去度假散心；听他彻夜长谈陪他一起难过；邀请他参加聚会聚餐等。这些都是必要的安慰、必要的爱。

倘若你是那个永失我爱之人，要怎么做才能获得"爱"呢？或者说你要如何自我关爱呢？

答案是，你要清晰地接受悲伤的全过程。本节我就沿着这条线与你沟通。

02

悲伤的过程是为了应对你永久失去了一段关系后所带来的各种压力而采取的一系列行为和态度。

悲伤阶段和告别阶段也有惊人的相似。罗伯特·科万诺谈到了悲伤的五个阶段，它们分别是震惊和否认、情绪不稳、罪恶感、失落和孤寂、自我恢复。

在此拿来引用，并用我自己的理解与你分享：

第一个阶段：震惊和否认。

即便我们知晓亲人终会离去，但在他真正死亡的时候，我们还是无法接受这个现实。

我依稀记得奶奶"入土"那天我脑海中居然出现了某种执念，感觉奶奶并未死去，现代医学可能出错了。我失去了理智，疯了似地不让别人把泥土盖上（奶奶实施的是土葬），好像她会坐起来，我甚至要求别人暂停葬礼。

我的疯狂并没被人理睬。那时我采用的防御就是极端否认，这个方式是在保护我，让我进入某种"幻想的真实"。因为只有在那里我才安全，才可以远离现实的残酷，不至于被真相击垮。

这个阶段常态下持续的时间并不长，理性一旦恢复就会结束，但它绝不是一下就消失的，而是从震惊到否认到半信半疑再到接受。

要感谢这个阶段对你最原始的保护，若不接受则会给你带来更大的伤害与孤独。

假如我觉得"自己特别傻、怎会那么想呢、怎会那么不理智呢、怎会做出那种不可思议的举动呢？我简直太不可理喻了、想想都觉得羞耻"——那么，我就正在贬低自己本应该有的否定情绪，这才是真正的伤害。

如果他人也觉得你不应该，那么，这个人绝不是理解你的那个人，你不用搭理他。

第二个阶段：情绪不稳。

前段时间一位朋友告诉我最近和妻子的关系正极度恶化。

因为他妻子的母亲在本次新冠疫情期间去世，失去了母亲的妻子完全变了个人：一会儿抑郁流泪不止、一会儿烦躁不安无端发火、一会儿沉默不语不吃不喝、一会儿又兴奋激动开心。这让他很接受不了，经常不愿回家。对此，我与朋友深谈了一次，让他理解丧亲之人的悲伤，以及他此刻的爱对他妻子而言是多么重要。

要知道，我们失去的绝不仅是一个人、一段关系，还有和这段关系相关的另一些人、另一些关系，还有一些过往、一些共同经历，还有一部分生活方式。如我的一个来访者所言："先生走后，我所有的生活方式都发生了变化。"

故此，情绪不稳是再正常不过的哀伤了，若不被允许和理解，你将更加无助，还可能陷入抑郁之中。

弗洛伊德说过："哀伤并非病态，也不需要治疗，虽然有时候它可以导致人们变得脱离原来的生活轨道，我们相信，经过一段时间之后它自然会痊愈。"

若自身或身边人不接受这个哀伤，甚至无情地贬低打击或者冷报复，都会让本该常态完成的哀伤受阻，从而变成了抑郁、恐惧，那才是得不偿失的。

事实上，这样的情况也蛮常见，身边之人对我们的爱，往往带有某种欺骗性，关键时刻总掉链子。

第三个阶段：罪恶感。

说罪恶感是比较重的，排在它前面的是愧疚感，是某些后悔的情绪。

有个亲戚两年前失去了她的丈夫。遇见她的时候，她总说："原来我们常吵架、互相嫌弃抱怨，没一天好日子过，但现在我却一点都想不起他的不好，总是责怪自己曾对他太苛刻了。

唉！他这辈子过得苦啊。"

这就是典型的愧疚，我们总觉得自己在与他的关系中做得不够好，好像"本来应该相处更好的、关系更融洽的"。

这样的愧疚是因为丧失导致的自我不接纳。

愧疚感或罪恶感的作用有两点：第一，你在持续与他保持某种连接，好像你说的时候他就能听见，你们还在一起；第二，你正在修复自己的"不够好"，每说一次就会原谅自己一点，这是一种自我和解。

一切你觉得哪里做得不好，一切的后悔、内疚、愧疚、罪恶感都是失去亲人过程中最普遍的、正常的阶段，无须继续因自己有这些感受而打击自身。

对自己的不原谅才是最大的伤害。

时过境迁，在当时你就是那样对待他，就是觉得很厌烦、很愤怒，不能因为这个人的离世就把责任全部揽到自己身上，这是对你本人的不公平，也是对你与他真实关系的回避。

这里，伤害是伤害，爱是爱，愧疚是愧疚，死亡是死亡，一码归一码。

还有种潜意识隐含的感受"解脱"。

这是最让我们恐惧和罪恶的情感了，好像我们甩掉了一个包袱，去掉了一个麻烦。"我居然会有这样的念头，真该死！"我们会如此惩罚自己，当然也绝不可能与他人分享。

"解脱感"会发生在照料多年的亲人那里。

所谓"久病床前无孝子"，若亲人多年一直卧床大小便失禁，很少有那种绝对的孝子或贤妻、贤夫能毫无怨言地伺候，内心往往会充满委屈、憋屈、无奈，甚至愤怒、怨恨等。

"解脱感"还来自虐待你的亲人那里。

无论情感虐待还是身体虐待，可能在他活着的时候你咒骂他死去已很多遍了，但他若真的离去，你依然会因解脱而产生罪恶感，好像你的诅咒显灵了，是你害死了他，还会有一些因"恨"没了投注之人而显得更窝火。

我想告诉你的是，"解脱感"是让你反思你与他的关系模式，以及这种模式对你生活的其他影响，这也许就是他留给你最后的"礼物"，你是可以表达的，无论继续怀恨还是解脱感。

接受最真实的情感，是悲伤、哀悼最基本的前提。

第四个阶段：失落和孤寂。

这相对好理解，前面列举了很多失落和孤单，感兴趣可以回看下。

"失落"指的是一种失去依赖感和依恋感而带来的空落落的情绪，它往往是弥漫的。

无论亲人和你的关系如何，这些年你们既然一起走过就足以说明你对这个人是有依赖的，随着他的离世，仿佛部分依靠感也被带走了，即使这依靠有多么微弱，也会有"空"的感受。

而孤寂更是不言自明，失落同时你会有"只剩我一个人"的寂寥，依赖、依恋程度越高，孤寂感越强。

影片《荒岛余生》中主人公查克寂寥难耐，不得不用一个排球（和他一同被"流放"到岛上的）做了一个人偶头像，头像的五官是查克用自己的鲜血涂抹上去的。象征层面意味着"那个去除我们孤独感"的人，身上流着一部分我们的血。那个"用鲜血画成的人偶"陪伴他在荒岛上生活了多年，这充分说明了一个绝望的人会因有个"同类"而活下去，即便这个同类是假想出来的。

有些失落和孤独，会在以后的场合再次被激发，如参加家庭聚会、过年过节、某个商场街道、某个场景、歌曲或某顿饭，都会让你有一种"你看，本来我不是孤单一个人参加的，但此时我却不得不一个人面对"的伤感。

如同我本人回家乡前总是很纠结，看到星空和高山总是莫名感伤。

第五个阶段：自我恢复。

恢复不可能很快，这在根本上是一个重建自我的过程，包含一切接受内在的丧失，寻找人生的意义。

自我恢复是一个过程，不是结果和目标。

刚谈到的那四个阶段就是自我恢复的一部分。世上没有"忘忧草""忘情水"，也没有什么"孟婆汤"来让你忘却前世今生，让你把一段关系彻底从生命中抹掉。

海桑写过一首小诗《小狒狒死了》：

小狒狒死了，大狒狒不相信
大狒狒仍抱着小狒狒一天天过活
给它梳理毛发，帮它捉虱子
携着它采果子，刨根茎，和别的狒狒打架
等小狒狒的身体已不成样子了
大狒狒才忍心将他舍下

这个季节里，没有吃的，没有水
大狒狒还得活下去
现在，小狒狒可以死了

这首诗充分说明了重建自我的痛苦过程。我们理解了带着
死去孩子生活的大狒狒的心情，就理解了永失我爱后自我修复
的艰难。

03

这就是哀伤的五个阶段。有人问了，这与"爱"有什么关
系呢？难道你不觉得这就是在"自我关爱"吗？同时剔除一切
阻碍你如此这般自我关爱的那些人。

一般而言，我们想要的那种"爱"是某种"外求"，但凡
外求的情感都不能完全由自己把控，最多只能把控 50%，另
50% 甚至更多则交由另一个人来把控。

你需要爱，是否有人给你想要的爱是他的事，尽管无奈，
但这就是事实。若再让我多说点的话，就是建议你更主动点。
你要的爱不确定是否被满足，但这并不妨碍你去表达、去要。

我很多次谈过，"指望一个人在你什么都不表达的情况下
依然懂你"是一个奢望，是婴儿般的幻觉。

怎么表达呢？

- 可以不定期和信任的人聊天，能聊感受最好。
- 可以向所爱之人表达真实悲伤，并表达需要支持。

- 可以拒绝这个时期他人对你的不合理期待。
- 可以留给自己更多疗愈空间，禁止他人打扰。
- 可以参加有类似经历之人的互助团体。
- 可以花钱寻找心理咨询师建立关系。

表达需要被爱和是否真的被爱是两个概念，若你克服自身某些尊严和恐惧做到了前者，至少就会有被满足的可能。

第四节

仪式

01

每一位丧亲者都必须要完成以下任务：

第一，接受失去了某人的现实；

第二，感受悲伤带来的痛苦；

第三，适应死者已经无法出现的新环境；

第四，撤回情感能量，将其重新投入到一段新的关系中。

"哀悼"的过程就是在完成这四项任务，而重点除上面谈的"悲伤阶段"之外，就是"仪式行为"。

在"永失我爱导致的孤独感"的最后一节，我描述的就是"仪式"。

我给"仪式"的概念是：某群体或个体为维护内在信仰所采取的一切行为、流程、动作，以及所带来的所有情绪情感反应。所以，仪式是信仰的外化。

一旦这样想，仪式就成了整个人类、整个物种存在意义的具象化。或者说，仪式就是我们生命的一部分，贯穿始终无人可逃，其种类之多犹如繁星。

用人类自身举例，从开始备孕，仪式就开始了，如戒烟戒酒、调理身体、调整情绪、计算各项生理指标等；怀孕后的各类护理、胎教、常规查体、饮食睡眠调整、叶酸的补充等；再到出生后更加烦琐的流程与风俗；一直到这个生命长大、求学、工作、恋爱、结婚、生子、疾病、衰老、死亡……仪式始终随行。

这么说来，仪式不仅是我们生命的一部分，而且生命本身就是仪式。

其中，没有谁去质疑人为何非要出生、学习、结婚生子？为何非要去工作赚钱？为何非要等待死亡？相反，但凡对此有质疑都是不合规矩、不合仪式、反信仰的。

仪式感一旦形成，极难打破。

也少有人去质疑法律、政党、制度、文化、意识形态；去怀疑"金钱""国家""战争""股票""思想""学校""职业""单位"这些看不见摸不着的东西；更没人在乎地球为何是圆的，宇宙的边界在哪里。

再如宗教。为何诵经、跪拜、吃斋？为何双手合十？为何不杀生、禅修打坐？寺庙、道观、教堂的意义又在哪里？

一些细节更是如此。为何酒场上那么多规矩？学生为何升国旗要戴红领巾？为何会有作业？结婚生子为何要请客吃酒？点外卖为何会有那么多选择？心理治疗为何有那么多设置？

以上任何质疑之所以极少，只因为一点：我们全都深信不疑！

所以，当你拿着一部叫"手机"的东西随便点一点划一划，就相信会有热腾腾的包子和精美化妆品送上；你在地球另一端说你是中国人就会寻得到老乡；你高考落榜会悲伤不已……因为，我们都信了。

那么，为何会相信呢？是为了抵御我们作为人存在本身最最终极的孤独感，在那里，我们连同自身，都空空如也。

信仰给了我们存在的意义，即便我们知道这也毫无意义。

但凡某种东西一群人信了就成了信仰，而信仰的外化就是仪式，包括一切风俗民情、一切规则制度、一切合同契约、一切看不见的规则。

你越信，与信仰就越融合。这就是很多人失恋抑郁、破产跳楼、战死沙场的缘由，因为这个人的信仰崩塌了。

仪式感越强、越烦琐，你的内心就越被触动，效果就越好，而仪式也会反过来加固信仰，信仰与仪式互相成就。

例如，你越相信某位专家能治你的病，而这个专家挂号费越高、见他的流程越烦琐、见到的概率越低，你的病就好得越快。好像"都不好意思病下去了"。

02

让我回到"哀悼丧亲之痛"这个部分，尽管还没尽兴，那就留在以后"终极孤独"中再描述吧。

"永失我爱"的痛苦悲伤最好的哀悼就是"仪式"，如"葬礼""休假"。

葬礼作为一种仪式用来和亲人做最后告别，更重要的，以此来宣泄生者的情感。

葬礼仪式越烦琐细致，你越相信，效果越好。

我家乡的葬礼仪式从筹建坟墓时候就开始了，祖祖辈辈的风俗让乡亲们深信不疑，无论达官显贵还是布衣百姓。

葬礼则把这个仪式推向了高潮：

会设立专门的、等级分明的职务，譬如"总管""主持人""迎宾""财务人员""厨房人员""用品管理人员""记录人员""勤杂人员""司机""抬棺人"等。并成立"灵棚""伙房""账房""仓库""物流"等职能部门。

特别是灵棚的规矩更是马虎不得：棺木、遗像、案几、各类祭祀品、花圈、挽联、鲜花、香炉、白布、清水、坐垫、跪垫……应有尽有。亡者的女性直系亲属披麻戴孝、分列两旁，磕头作揖；男性直系亲属则手挂缠满白布的灵杖，更庄重地披麻戴孝（所有穿戴也都有讲究，什么关系用什么颜色，缠绕的数量、圈数、扣子的位置，腰带、帽子的样式各不相同），一路哭喊迎接前来悼念的亲朋好友，三步一拜十步一跪，哭声震天，还有各种口令、手势、姿态等。

入土前要烧纸马、纸钱、各类纸糊的汽车、房子、橱柜、日常用具，以及亡者生前衣物的处理。长子或长孙站在高台拿着灵杖指向西方（象征极乐世界）喊多遍口号，声声悲怆。送行的人群浩浩荡荡紧随其后。

若你看过连续剧《三国演义》诸葛亮去世那一集的场面，浓缩一下就是我们家乡的葬礼习俗。

入土后葬礼并未结束，各种酒场、饭局、收礼、回礼、答谢等才刚拉开序幕。整个葬礼仪式进行完少则三五天，多则十天半个月。奶奶的葬礼结束后我在家躺了好几天才缓过神来。

但我想说：这些仪式尽管劳累，却大大缓解了丧亲之人各类负面情绪，如前面提到的悲伤、愧疚、孤寂、不舍、愤怒。"被允许号啕大哭"本身就是疗愈，又用仪式作为载体继续消散。

在我们国家，除了葬礼还有些其他的仪式，诸如头七、清明、中元节、祭日、墓志铭、烧香跪拜等。

什么形式都无关紧要，我在河边沉思、你在墓前烧纸都不重要，重要的是让我们"岸这边之人"的哀思有了去处。

03

如今，城市化、信息化、便利性、功利心都在简化着仪式。简化的也绝不仅仅是葬礼仪式。于是，人们情感连接的机会越来越少了，我们成了一座座够不到彼此的孤岛。

我不主张简化"仪式"。

很多仪式蕴藏着古人巨大的智慧，目前却正在慢慢消失，消失的不仅仅是那些流程，还有传递情感的纽带。那种连哭泣都不允许的绝不算是葬礼，压抑会让丧亲之人在将来加倍补偿。

若明白这个道理，即便没有外部仪式条件，你也完全可以用"自我内在仪式"去宣泄，而非压抑。

形式也会有很多，哭泣、诉说、独处、呐喊、绘画都行。只要你觉得能接受的都可以。我本人仪式中最受用的就是写作，包括日记、诗歌、心灵书写等。

印象最深的一次是4年前，我陷入了很深的抑郁状态。于是，我书写了很多字，还专门依据自身感受写了"抑郁系列"，不久之后我便"好了"，最终集结成了我已经出版的另一部作品《心灵书写》。

这个篇章的每一节我都会提到奶奶，这就正在使用写作进行哀悼。

在温尼科特的词汇里，"创造性统觉"是使一个人觉得人生值得过下去的东西。很多注重内在世界的人更容易通过象征性的表达方式来修复曾经的创伤。

一切艺术化的表达都属于这一类，在疗愈内在创伤中具有积极价值，还会影响他人。

对此，格雷厄姆·格林说，写作是一种治疗形式，有时候我会感到奇怪，那些不书写、不作曲、不画画的人是如何成功地逃脱疯狂、忧郁以及人类所固有的恐慌的。尽管他说得有点绝对，我还是觉得认同。

安东尼·斯托尔在《孤独》中说道："创作过程可以是一种保护方式，让人不会被抑郁击垮；也可以是一种恢复手段，让充满无力感的人重新拥有控制感；还可以是一种修复策略，让因遭受丧亲之痛而受伤的自我……都得到一定程度的修复。"

人们似乎也越来越多地看到了这一点，所以诞生了很多"艺术心理治疗"的方法，譬如：书写治疗、绘画治疗、沙盘治疗、游戏治疗、舞台剧治疗、舞动治疗、音乐治疗、冥想治疗等。

从某个角度而言，活在现代是幸运的。虽然仪式感降低，心灵成长的方式却越来越多，只要你愿意，总会找到适合滋养心灵的途径。你也总会在其中看见象征性的仪式感。

在我原来给儿童做"游戏治疗"的时候，曾默默陪伴一个5岁小女孩两年，几乎有一年的时间，她都在一遍遍搭建医院、病床、模拟护士、医生看病，周而复始，最终她的哀伤得到了充分表达。因为她的母亲患有肝癌，去世前在医院住过半年，那时她一般都在医院。

这两年的游戏治疗的全部内容，就是用某种仪式，疗愈了这个孩子的丧亲之痛。

所以，我会跟随来访者自己的节奏，一次又一次去分担他的沮丧与创伤；我也会听母亲一次次表达对舅舅和外公的恨意、听外婆重复了上百次的呢喃。

诉说哀伤的过程必须绝对安全，否则就会变成祥林嫂的悲剧。苦命的祥林嫂没遇见安全的人，是鲁迅对那个时代的嘲讽。

不安全的"诉说"也会像那个"狼来了"的故事。吃掉那孩子的不是恶狼与谎言，而是人们的愚蒙，从来没有人去关心孩子为何一遍一遍地喊"狼来了"，也没有人关心祥林嫂为何一直嘟囔"我真傻，真的……"

当然，"仪式"若没有倾听者、分担者，也会无意识地独自发生：

- 譬如《父与女》里面的女孩，每去一次岸边都是一次仪式。
- 譬如绘本《爸爸的围巾》中的"我"戴着爸爸的绿色围巾，就是一个仪式，最终放下了父亲的离世。
- 譬如海桑诗歌中的大狒狒带着死掉的小狒狒就是一种仪式，最后告诉自己："小狒狒真的死了。"

04

此种孤独可能无法散尽，却能让我们承认：在你与他的关系中，你们彼此孤独了，你们允许这般孤独，不再为这份孤独而惧怕。

因为哀悼已充分发生，你们在孤独中和解了，你心中也给了他一个位置，一个真实的位置。

本章最后分享一首我写给奶奶的诗。写诗歌本身就是仪式，在这里分享，又是一种仪式：

奶奶的大脚

你有一双大大的脚
毫不在意别人眼光
踏遍小村所有山脉
只为捧回一筐沉甸甸的秋天

上面盖着枯黄的树叶
掀开
红红的果子沾满露珠
我咬了一嘴
酸的眼泪直流

你哈哈大笑

像永不凋零的向日葵
伸手递给我另一颗
我碰到你的手
像榆树皮

我匍匐在你的脊梁
让你带我满山跑
身后两串大脚印
踏在儿时永远的青石岗

那是一个多梦的夏天
你我仰望天空
躺在半山腰
风一点都不像你的手
它如此轻快柔软
你告诉我
每个人死后就变成一颗星星
闪闪发亮

我从来都不信
因为你的双脚充满力量
没有任何人会让你停下
更不会把你扔到天上

你递给我一张船票

让我远离故乡

去到熙熙攘攘的城市

寻找希望

我背上行囊走向远方

多年间我忘了那些酸酸的果子

还有戏台上的青衣

也看不清台下小孩的脸

只记得凳子旁那双大脚

随着锣鼓一踏一和

尘土飞起来

像黄色大布

遮住了半边夕阳

19年前那个夏日

竟没有阳光

我发了疯的狂奔

脚踏车飞起来

刹车失灵

让我一头扎进了童年

你走了

从此我再也不碰红色的果子

也不去看戏
只是常常在深夜仰望星空
去寻找属于你的那一颗

今夜繁星依旧
我听见你在大声呼喊我的名字
响彻故乡所有回忆
我没答应
只是把脚用力踩进泥土
看着它慢慢生根、跳动、蔓延

我深信
一定会生长到你的脚下
你可有一双大脚啊
我们在那里会合吧

奶奶你听到了吗
有颗星星在讲故事
它摇着蒲扇
拍打着梦中的孙儿
一夜没合眼

此刻，一滴泪滑落
变成这些字的句号

窗外海棠正浓
我在安静地想你

附：

当我就要把这部作品交稿的前些时候，我的外婆也离世了。按我们老家的说法，外婆是"喜丧"，她是在家里面睡过去的，享年98岁，没有受任何罪，她的4个女儿也都守在她身边。我也赶了回去，下面这段文字就是我与外婆的告别仪式：

就在一个多月前，98岁的外婆永远离开了我们，离开了这个世界。我赶去见了她最后一面，我独自和外婆在那个洒满阳光的小屋里待了短暂的时光。外婆已辨认不出我是谁，只是一个劲攥着我的手，来回抚摸着，嘴里不停重复这句话："年轻真好啊，年轻真好，你看，还出汗呢……"

是的，天很热，我又着急赶路，出了一身汗。看得出，此刻外婆是多么羡慕出汗，羡慕年轻啊。我不知道在那一瞬间，外婆是否回到了她的少女时代，回到了那些少有的甜蜜时光。

与此同时，我也在感受外婆的皮肤。她的手心、手背、胳膊都凉凉的，更绝不可能出汗，而且非常干燥。那些皮肤就像一块块暗褐色的斑点丝绸，被揉了很多很多遍，有些粗糙的细腻，有些皱褶的光滑，只是全然没了光泽，即便窗外阳光正浓……

我很庆幸能见外婆最后一面。

事实上，我最初的写作还有外婆的功劳呢：小时候去赶集，我总把奶奶给我买肉火烧和糖葫芦的钱省下来，偷偷买"小人书"和"作文选"，然后迫不及待读完，再歪歪扭扭写"读后感"。但每次总想买更多，钱也总不够用，即便那时每本作文选才两毛多。

于是，我就去离集市不远的外婆家"借钱买书"。每次见我来，外婆总会先端来一碗白糖水，笑眯眯看着我咕咚喝完，然后挪动小脚走到里屋，从枕头下摸出一方旧手绢，一层又一层剥开，像变魔术似地拿出两毛啊、五毛啊，甚至一块钱，我总一把夺过来撒腿就跑，老远还听见外婆喊"臭小子，记得还我呀"……

哈，事实上我从未还过。就这样，"赶集、借钱、买书"成了我与外婆心照不宣的秘密，也成了我童年为数不多的美好记忆。你看，就在我刚刚写这些字的时候，外婆就没有离去，而且变得年轻起来，和我一同回到了那个集市旁的小山村……这段文字就是我与外婆告别的仪式——文字会让别离充满情感，会让回忆成为永恒。

第七章

终极孤独

对"活着"的思考

在我看不见的地方

有人吹着魔笛 踏雪北上

背着一个

名为空虚的行囊

它路过的地方是无尽的白夜

因为孤独

是一个永恒的太阳

01

接下来，我会描述终极孤独。

事实上我是一气呵成的，为避免阅读疲劳，才把它分成若干独立文章，但它们是一体的，所以别急，只有耐着性子看完才会领悟全貌。

大概线索是——先分享我对"超现实生命终极意义"的各类叩问，再到"世俗生命的意义"，最终给出思考的结果，意在让你对"人为什么活着"有所共鸣。

我想先去遥远的地方，到与关系甚至与人类无关的领地。事实上，这才是最困惑我的地方，也是人类孤独的本质。

一切关系里的孤独至少还有据可循，也就有扭转局面的可能性，而本章所描述的是一种"无根"的孤独、"绝对"的孤独，一种不可逆转的"终极孤独"，它远远超越了关系里的孤独——我甚至认为这是人类孤独的本源。

这类"终极孤独"将依据我本人常有的胡思乱想展开。我深信，这绝不是我一个人的胡思乱想，而是无数人的胡思乱想，也许就有你。

这些胡思乱想有人会视为荒诞，有人会引发共鸣。不管怎样，如不一吐为快，我将无法结束这个系列。

我同时确定，没有过这些胡思乱想的人生是残缺的、可悲的。所以，如果你同意，完全可以把这些"胡思乱想"当作彻底思考，这是一种永恒的哲学叩问。

我之所以用"胡思乱想"形容，是因为这一切之思索——并无答案。

这些"胡思乱想"，每个人思考的频率各不相同。不幸又万幸，我就是思索频率很高的那类人。

我这前半生几乎没一天不思考。它们如同影子般频繁，一切有光的地方它们都在，无论阳光、月光，还是灯光。即便无光的梦里也还是如影随形。

只是我还没到"痴狂"地步，痴狂意味着完全遁入其中忘却俗世，在痴狂者中发展出了三类人：一类是精神病人，一类是天才艺术家，还有一类选择了自杀。

02

下面就是一条著名的"自杀遗言"，当绝望的灵魂看不到生活的意义，在结束自己生命前写下的最后一段话：

有一群快乐的愚人在工作。他们在一块开阔的地上搬运砖头。砖头在一边垒好之后，他们再把这些砖头运到另一边去。就这样，他们年复一年、日复一日地从事着同样的工作，从无停顿。

一天，一个愚人停下来足够长的时间，让他可以问自己，我在做什么。他想知道搬砖头的目的是什么。从这一刻起，他再也不能满足于以前做的事情。

而我，就是那个想知道自己为什么要搬运砖头的愚人。

比"愚人搬砖"更残酷的，是旧时欧洲某监狱的"酷刑"。不是电击、截肢、鞭挞，而是把犯人放在一个与世隔绝的孤岛，让他从岛的一端挑两桶海水，再倒回另一端的大海，周而复始，昼夜不停。

对此我深有体会。

大概20多年前迫于生计，我曾在某塑料管件厂工作过33天，之所以记得如此清楚，是因为我觉得度过的不是33天，而是33年！

那是一个犹如旧仓库般的小厂子，被锈迹斑斑的铁栅栏和围墙环绕,吃住睡都在院内解决,每次抬头除了偶尔飞过的乌鸦,就是烟筒冒出的白色浓烟,那是我终生难忘的、唯一的一次"囚禁"生涯。

我的工作单调又乏味,坐在一处黑暗角落的木椅子上,双手紧握一个磨盘般的铁圈把手,不停转,不停转,好把那些恶心的塑料管缠绕起来。

大约缠了40分钟,我会用一把黑色大剪刀剪断,再用几根铁丝把它捆起来,这就完成了一个"成品"。

然后再坐下、再缠管子,从日出开始,到日落为止。

我整整缠了大概330个钟头19800分钟。当然,不包括卸货时间——那更令我沮丧!

厂子平均每四五天就会到一车货,是那种像绿豆大小的蓝色或红色化学小颗粒,作为制作塑料管子的原材料,它们被白色、土色编织袋扎紧,堆积在车上。

每次铁门吱扭一声响或卡车一鸣笛,我们七八个人就放下手头上的活,跑去卸货,然后大铁门就会被闷声上锁,好像我们是被关押的囚徒。

每次卸货,我都被班长点名:"就你磨叽,搬就搬吧,还要想一想!瞎琢磨啥?笨死算了!"

骂完我,他那颗硕大脑袋中间就呼哧喘着粗气,舌头还不时伸出来舔一下,也不知舔的是汗水还是鼻涕,那颗厌恶的大金牙也会露出来,闪闪发亮。

其他人也跟着起哄并吃吃作笑,接着更麻利又卖力地卸货,仿佛在炫耀,尽管他们从来也没因此受到"大金牙"表扬。

是的，我就是那个扛起麻袋都要思考一下在干什么的愚人。

仅仅是这刹那的思考都不被允许，都被其他愚人挖苦。他们觉得我是一个怪物：瘦弱、力气小、速度也慢，还喜欢看那片被浓烟笼罩的天空，简直不可理喻！于是，他们继续又快又多地扛麻袋，以此嘲弄我的怪诞行为。

就在第 33 天的那个黄昏，我们这群愚人继续扛着麻袋，当我扛起一个麻袋时，夕阳正好照耀在我眼上，我被闪了一下，脑袋"轰"的一声巨响！

我狠狠把袋子从卡车上摔下，颗粒撒了一地，像无数个小精灵蹦蹦跳跳，去任何一个自由之地。

我跳下车疯跑到铁门前，拾起块石头，狠命砸碎了那把锁，"哐当"一声，铁门被踹开的刹那，我的泪水夺眶而出，远处传来"大金牙"的咆哮：

"这个月工资你他妈甭想要了！"……

03

我们为什么活着？我们又该如何活着？

这不仅是我缠管子、扛麻袋才有的思索，而且是从小就有的困惑：

如果你我难逃一死，如果死后没有任何灵魂，如果一切终将成空，那么请问——生命的意义究竟在哪里？

我不止一次躺在童年的山坡上，望着无边天空和眼前的麦地，百思不得其解。

至今我仍不知道答案，只是知道：当一个人在思考这个问题时，就正处在某种难以名状的"无意义感"之中，就会莫名地哀伤、无尽地感慨、绝对地孤独、弥漫地空虚。

至少周而复始的搬砖、扛麻袋、挑水是不能满足的，或者说一切物质世界是不能满足"对意义感执着追求"的。

太多太多人正是这样的搬砖愚人，愚人越多，思考为何搬砖的人就越少。

少了思考的人生，会陷入盲目搬砖的狂潮，盲目造就了更大焦虑，一些人、一代人就会迷失，丧失对意义的探寻。

列夫·托尔斯泰漫长一生中的大部分时间，都在被"生命的意义感"所折磨。（以下部分引用自欧文·亚隆的《存在主义心理治疗》）

他在《忏悔录》中说道：

五年前，在我心中逐渐发展出了一种奇异的心理状态：有些时候，我会感到困惑，会感到生活停滞，就好像我不知道自己该如何生活，该做什么……这些停滞总是向我提出相同的问题："为什么"以及"该做什么"……这两个问题越来越需要回答，就像一个个小黑点一样，逐渐汇聚形成了一块大大的黑斑。

托尔斯泰怀疑他做过的所有事情的意义，他问自己，为什么要管理财产？为什么要教育儿子？"这有什么用？我现在在萨马拉省有六千亩地，还有三百匹马，那又怎么样呢？"

实际上，他也质疑自己为什么要写作："好吧，就算我能够在名气上超越果戈理、普希金、莎士比亚、莫里哀，超越世界上所有作家，那又怎么样呢？我不能找到一个答案。我急切地需要回答这类问题，否则我就没法生活。可是没有答案。"

生命的意义瓦解了，托尔斯泰感到他生活的根基也随之崩溃了。

"我感到我生命的立足点在分崩离析，没有任何地方可供我立足，我的生活中一直追求的东西实际上是虚无的，我没有生存的理由……生活是没有意义的，这才是真实情况。生活的每一天，每一步，都让我愈来愈接近悬崖，我很清楚地看到，前方什么也没有，只有毁灭。"

在五十岁的时候，托尔斯泰走到了自杀的边缘：

"我现在所做的以及未来所做的事情究竟能给我带来什么？我的整个生命能够带来什么结果？"或者换句话说，"我为什么而活？为什么我要有所欲望？为什么我会做事情？"同样，这个问题也可以表达为："在我的生命中是否有意义。而且这个意义不会被不可避免的死亡摧毁？"在我人生第五十年头这个所有问题中最为简单的问题，这个潜伏在每个人——从未成熟的小孩子到伟大的智者——灵魂的问题，开始让我考虑自杀。

事实上，这场"意义危机"绝不只是对托尔斯泰一个人的折磨，太多人深有同感，他们都曾在生命不同时期有过类似的命运拷问。

所有人类学家、哲学家、艺术家都是其中之一。而我，同为人类中的一个渺小存在，也是其中之一。

04

事实上，我从来没与别人分享过这些"胡思乱想"，哪怕对我的体验师。我生怕这些挥之不去的念头会杀死她，也杀死我自己。

理性上我给了自己一个合适的解释：心理治疗是世俗层面的，不管对我的体验师，还是对我本身就是一个心理咨询师而言，是无法给出令人满意的答案的。既如此，我又何必多言。

今天，我鼓足勇气准备分享，绝不是寻找满意的答案，也不是给你满意的答案，而只是分享。

或许一切意义感，就在对头脑中天使与魔鬼梳理的过程中吧。

我要做的第一件事，就是分类。

这实在让我伤透了脑筋。我从来就没想过会把它们分门别类，但理性告诉我，不分类就无法表达，更不可能给读者带来启发。

分类是我无奈的下策。

它们本是混合的，就像一张大大的宣纸，被各类颜料随意泼在上面，不像彩虹，可以明显看见七种颜色——我感到了人类文字表达的单一性。

下面就把我对"意义"的分类思考与你分享。

第二节

对 "死亡" 的思考

前面描述的 "永失我爱"，是指关系中重要他人的死亡带来的冲击，以及应对态度。

而这里谈的 "死亡" 不是别人死了，不是你死了、我死了、小动物死了，不是人类死了，而是 "死亡本身"。

下面用到的主语 "我" 或 "你" 大多不指具体的人，不是真的我和你，而是便于理解的修辞手法。

我不理解，我永远也不理解：为何会有 "死亡" 这件事。

心理学通过人们对死亡的思考，来探究他的死亡焦虑、死亡恐惧、分离情结、丧失体验、原生家庭、亲密关系等，但我绝不满意，甚至觉得这太小儿科了。

我认为正是愚蒙、正是对死亡的绝对无知，才把重点转到所谓潜意识内容上，并没有直面死亡本身。

对此我们压根就是白痴，没有任何力量。

一想到死亡本身，想到我会进入一种永远的、无边无沿的、绝对虚空的、绝对不存在时间空间的、绝对没有色彩和记忆的、没有任何感知觉的——无法形容的 "黑洞" 的时候——目前还活着的我，会立马进入极度悬空、灵魂战栗的状态，不知所终。

而无论现实的自己多么强大，内心俨然被洗劫一空，什么都不存在了。

死亡不仅让人永恒消失，往后一万年、十万年、十亿年，直至地球、太阳、宇宙也都消失不见——这都与你无关，你将如不存在一般销声匿迹。

无论是谁，无论你曾影响过多少人，即便是我每天都想到的弗洛伊德与温尼科特，甚至爱因斯坦与希特勒——但，那又如何？

对他们来说已永恒消失，他们绝不会"看到"有个人、有一批人、有一个行业因他们而精彩或别的什么——绝对的孤独！

假设你死了，你的儿子、女儿，你的孙子的孙子，他们过着怎样的生活？他们拥有怎样的职业？他们如何痛苦快乐、如何老去？他们那个年代的人去火星了吗？还是火星爆炸了？还是他们可以穿越时空隧道来看你？他们还是有一双眼睛一张嘴巴吗？——这都与你无关。

死亡不仅结束了"你作为某个生命"的一切未来，同时也结束了一切过往——你爱过的人、做过的事、你的荣耀与耻辱、你吃过的大餐、你亲手做的那个手工、你的写作与金钱、你的回忆与过往，你所有的童年与梦想、奋斗与努力——都不复存在。

我读了很多书，希望能从先人智慧里寻得慰藉，但我是一个不幸的人，我一点也没得到。相反，他们同我一样，在对死亡的苦苦思索中老去、死去，并无答案——这就是真相。

仅有的一些说辞也无法打动我，它们大概分为四类观点。

第一类观点：认为死后会有灵魂，会有来世，会有轮回。

譬如基督教和佛教，会认为人类只是万界众生的其中一种，无所谓生死，生生不息，死死也不息。

《西藏生死书》中明确指出："死亡并非终点。大多数人认为这一生仅止于此……上师们知道，如果人们相信今生之后还有来世，他们的整个生命将会全然改观，对于个人的责任和道德也将了然于胸。"

并称："生和死是一连串不断改变的过渡实体，称为'中阴'。这个名词通常是指在死亡和转世之间的中间状态，它是通往解脱或证悟的关键点，整个过程分为四个持续不断而息息相关的实体：生、临终和死亡、死后、转世。"

佛陀有言在先："我已经为你指出解脱之道，现在你必须为自己修行了。"

于是，世间有了佛法、佛像、寺庙、僧侣，有了数以亿计的教徒，虔诚修这一世，或许，其中也有人找到死亡答案了吧。

找到"答案"的那些人，至少降低了他们思索死亡时的极端不适感。

但，这不能说服我。

我愿意相信有来生，愿意相信死亡只是生命存在的状态之一，不是最终状态，相反是通往另一种生命通道的过渡期——但我说服不了我的心！我没法这样欺骗自己。

没有任何信服的证据来证实这一切，我很惶恐。

第二类观点："濒死体验"

在这方面，美国的医学博士雷蒙德·穆迪与精神科医生布鲁斯·格雷森分别做了大量研究。他们利用自己的工作便利与实地考察，采访了各类"死去又活过来的人"，听他们一一描述"死后的世界"，这些描述被他们称为"濒死体验"。

在其中几乎每一个死过的人都拥有"灵魂"，拥有另一个"自己"，只是那个自己没有肉身，有人形容是"一团气体"，有人形容是"一个光体"，还有人形容就是"无处不在的感觉"，总之，他们并没有"彻底死去"。

其中有人看见了死去的亲人，有人看见了天使和上帝（他们也并不是具体的存在），有人在几秒钟以内彻底回顾并参与了自己的一生（甚至包括很多遗忘的细节），有人看见了黑洞或隧道，有人感到了从未有过的平静与喜悦，有人看到了最美最亮最温暖的光，有人进入了完全不同于人类世界的领地……

甚至有人离开了自己的身体，并能看到死去的另一个自己：

"我看到救护车来了，看到人们试图把我从车里救出来，抬到救护车上。那时我已经不在自己的身体里了，而是距离事故现场 30 米的上空。我感到了那些试图帮助我的人的温暖和同情，也感受到了这些善意的来源，它非常非常强烈。"

格雷森博士在《看见生命》一书中有着大量这样的例子，生动又详细。

说实话我对这个比较感兴趣，一口气读完了，心情也很复杂。好像这些科学不能解释的"濒死体验"有了支持的证据，似乎也在说明人死后会有另一个世界，换句话说"死的只是肉身，灵魂会继续存在"。

这些对濒死体验的研究似乎也在支持"灵魂说"，但依然说服不了我。第一，我本人没有经历过；第二，我身边的人也没人对我讲过；第三，我无法辨别那是濒死之人的幻觉还是真实。第四，也是最重要的，我特意询问了我的两位来访者，他们有过死而复生的经历，一位是车祸，一位是自杀。我很委婉地提到了这个部分，他们的回答斩钉截铁"没有，我什么都不知道，醒来就是在医院"。

相信某个真理和拥有某个真理，学习某种知识和经历某种知识，完全是不一样的。如果我们连自己的感受都不信的话，我们还能相信谁？

所以，这一类对死亡的探索，我只能得出这个结论：对他们而言也许是真的，但对我来说，我不知道，因为我的感觉没有体验过。

第三类观点："人死如灯灭"

耶鲁大学的卡根教授用了 35 万字以及无数演讲来论证这一点，并试图推翻一切"灵魂说"。

他在《死亡哲学》这本书中旁征博引，看得我眼花缭乱、思维停滞，我偏感性的头脑完全跟不上他的逻辑，只是记住了他引用的伊壁鸠鲁的那句话：

"所有一切恶中最可怕的——死亡——与我们全不相干，我们活着时，死亡尚未来临；死亡来临时，我们已经不在了。因而，死亡对于生者和死者都没有什么干系。因为对于前者，死亡还未到来；对于后者，一切都已不再。"

换句话说，他认为：我们思考一件根本不存在的事情，毫无意义。

这更无法说服我。

如果有种法器让人可以不思索我会立马使用，但我没有，任何人也都没有。

对死亡的思考不受我左右，如同告诉一个抑郁患者要开心点是对他的侮辱，如出一辙。

相反，如果我信了本身就是冲击："我竟无法控制自己长久思考一件没任何意义的事。"——这让我痛苦不已！

我无法接受"死有灵魂"、更无法接受"人死如灯灭"。

前者不接受是我没证据；后者不接受则是我真的不接受。

更可怕的，我愿意接受"灵魂说"，但一个声音告诉我那是假的；我不愿接受"灯灭说"，但一个声音却告诉我那是真的。

第四类观点："活在当下"

听起来这很科学，但我却认为这是一种可耻的逃避，一种无法自圆其说的模棱两可，一种把"死亡"置换成"活着"的防御。

怎么就叫活在当下了？怎么就未知生焉知死了？怎么就考虑死亡才能珍惜活着了？——这和谎言有何区别？无论人们把它说得多么煞有其事，都不能让我真的活在当下。

我认为没有谁可以做到常态地活在当下。

除非两种情况，一种是"刻意练习"或"有时有之"；另一种是小狗小猪这类本能动物。（事实上，我真的不确定它们是否也会思考死亡）

我不信活在当下能回答我对死亡的思考。即便愿意如此，我也做不到。

因此，这四类（灵魂说、濒死说、灯灭说、当下说）的课程、书籍，以及前人的思想，于我而言都没意义。

我并没有就此停止胡思乱想，死亡依旧是迈不过去的坎，我将继续思考、继续不确定、继续探究，即便我隐约知道这个探究，终无果。

再次强调，为了让读者不那么失望，本系列最后我还是会给一些"意义感"的思考，好让与我同样迷思的内心有个可去之处。

接下来，请先允许我分享完另外几种。

胡思乱想之绝对渺小

一旦人类意识到自己的"渺小"，就不仅仅是终极独孤，还是极其深刻的悲哀。

我经常从空间和时间两个维度上，意识到自己的渺小。

例如，我在楼下公园遇见一只蚂蚁，就会仔细观察它。它是如此小，小到要蹲下身子，瞪大眼睛，拨开杂草和枯叶才能看清。我担心稍不小心它就消失不见，因为——它实在太渺小了。

对蚂蚁来说，那片枯叶就是别墅，那株小草就是参天大树，我的鞋子就是泰山，我经常爬泰山，那并不是容易的事，那这蚂蚁如何才能翻越我的脚？

我这个人呢？对蚂蚁而言绝不仅仅是巨人那么简单，如果蚂蚁会思考，一定惶恐不已，世界居然有我这样不可企及的庞然大物，它也许看不到全部，最多就看到我的小腿部位。

这个公园呢？简直不可想象，这里有无数个巨人、参天大树和喜马拉雅山脉，蚂蚁在哪儿？

这个城市呢？有无数个这样的花园；

这个国家呢？有无数个这样的城市；

这个世界呢？有无数个这样的国家；

这个地球呢？仅是海洋就可以覆盖一切大陆；

那么，太阳系、银河系呢？有数不清的地球；

宇宙呢？有不计其数的银河系；

宇宙之外的宇宙呢？……

请告诉我，脚下这只蚂蚁是谁？它在哪里？它存在吗？

人难道不就是这只蚂蚁吗？

人类不就是渺小到不存在吗？

据说，宇宙中的一切生命物质的占比大约只有十亿分之一的十亿分之一。戈壁滩的面积达 130 万平方千米。如果用它来代表宇宙中所有物质，那么生命物质就仅仅相当于一粒沙。那么人类呢？个体呢？我和你呢？——我不敢往下想了！

此刻，我是不存在的，这种不存在绝不能用渺小来形容！

当这样想的一瞬间，我总会抬起头望着云彩，就像蚂蚁望着鞋带，问：“你在吗？你是谁？能让我看见你的全部吗？”——天空不语，就像我没法听见蚂蚁在呼唤。

确定是看不全的，如果外太空有无数像我这样的"巨人"和"公园"，我唯有臣服，唯有敬畏，唯有莫名的孤独。

从时间维度，就更为可怖。

我喜欢久久凝视月亮，无论月缺还是月圆，每次都会涌现出诸多古人，如李白、苏轼、嬴政、拿破仑、某个原始人类、某一只恐龙……他们曾和我一样，在某个时刻凝视同一轮明月。

月亮尚在，他们又去哪了呢？

那我呢？我还在吗？在看同一轮月亮的这个人还是我吗？历史长河中，月亮见证一切伟大的渺小，岂不可笑。

更加残酷的事实正在被科学家揭开：

宇宙出现（130多亿年前）——恒星时代出现——地球出现（50亿年前）——人类出现（300万年前）——地球消失（50亿年后）——恒星时代结束（100万亿年后）——宇宙消失。

所有的天堂地狱、前世今生、神话传说、文化政治经济——都是人类的臆想和自我安慰！

人类一切文明如同恐龙时代渺小到无可名状，一阵风吹过，都不复存在——空间、时间完全静止，宇宙进入了永恒的黑暗和虚无。

而人类，只不过是瞬间的一闪，甚至连一闪都算不得。

渺小感会瞬间击毁人类一切思想，那些职业生涯、家庭矛盾、亲子关系、金钱与名声、痛苦与欢乐——都不值一提。

每当我想到渺小感就会有两种好处，即便这是建立在无边悲凉的基础上。

悖论的是，这两种好处恰恰是"活在当下"，我竟无语。

● 第一种：幸运

如李银河所言："我们每个人能够生而为人，在浩渺宇宙中是一个极小概率的事件，是中了一个获奖率为百万分之一的大奖：宇宙中有高智能生物的星球或许只有百万分之一吧，而在地球上万千物种当中能生而为人的概率又比百万分之一还要小。此外，人类当中有那么多人要遭受那么多灾难：饥饿、寒冷、疾病、早夭，如此等等，不一而足，而能够身心健康地、愉快地活着，这概率又是多么小。思虑至此，难道还不应为自己的幸运感到欢欣吗？"

● 第二种：珍惜

你经历的一切一切人生，只是你的，就是你的全部家当，你无法得到更多，你就是自己的全世界、全宇宙。

那么，遇见一个人并相爱，遇见了孩子、父母、兄弟姐妹和朋友，遇见你的职业和同事、你出生在你的故乡等等，这些概率几乎是零！但，你终究遇见了——有什么理由白白放弃呢？

就算你不珍惜，难道你就不该彼此问候一下吗？"嗨你好！永生永世只有一次的你。"

人在恋爱时会自然珍惜，仿佛你们两个人就是整个宇宙，你们心连心、肉贴肉，你们无处不在、合二为一，你们就是自己的宇宙，渺小感根本不存在，或者说宇宙是如此渺小，远不及恋人一个吻。

就像婴儿一头扎进母亲乳房里，就是全宇宙了。

● 第三种：豁达

既然你和我如此渺小，那么痛苦又算得了什么呢？被视为巨大打击的失恋、失业、离婚、疾病都是微不足道、忽略不计的。

"没什么是过不去的坎"——只要想想整个时空，甚至想想我们漫长的一生，一切苦难不过是这个阶段遇到的小挫折而已，终会过去。

我们也无法自大、自满，比起人类的渺小，当下取得的成绩还有什么好骄傲的呢——唯有风轻云淡。

写在后面：尽管有"幸运""珍惜""豁达"三朵小浪花，事实上于我而言，在孤独思想海洋的大背景下，依旧充满了深蓝色的忧伤。

胡思乱想之平行宇宙、多维空间、时空穿越

01

若有占比，这类一定占据我大脑总体胡思乱想的 50%。

我分析过很多人的很多梦，自己也做了很多梦，写作、讲课也会涉及很多梦。——我把它们统称为"梦的日记"。

你也可以试试，某天翻开自己梦的日记，相信一定会涌上诸多感受，其中就有亦真亦假的真实感。

通过梦的分析，我知晓了梦者内心的幻想，潜意识的满足，邪恶念头的象征，各类情绪的表达、提示、警告、预言、整合……

但还有个声音我从来不敢与梦者分享，那就是"梦的真实性"。为什么认为这只是梦呢？为什么不认为梦就是真实的发生呢？

也许，所谓梦里的一切都是真实存在的！在另一个世界里还存在另一个你，过着和你迥异的人生。

对他而言，此时此刻的你，就是他的梦境。你在和我诉说梦境的时候，另外一个你也在他所在的世界给别人讲述。

"人生如梦"不仅是对时光流逝的感叹，也是某种知觉体验，如同你死去那一刻，另一个世界中的你就会从梦中醒来，然后感慨道："刚刚，我只不过做了一个长长的梦啊！"

你也许会质疑，梦里的情景如此荒诞不经，怎么可能是现实呢，异想天开吧！

是的，只有"异想"才会"天开"，没有人阻止你任何想象。

为什么你认为的荒诞就不是事实呢？你以为的"荒诞"难道真是荒诞吗？你不认为自己现在看似"正常"的生活其实很荒诞吗？

或者对另一个你来说，你的人生相当荒诞！就像人类觉得香水好闻，而狗觉得奇臭无比。

对梦的思考，抛开所谓科学和心理学解释，难道它不应该是活生生的另一个现实吗？——也就是传说中的"平行宇宙"。

我还觉得，这样的"平行宇宙"绝不止一个，而是有无数个，就在你周围。但任何一个宇宙彼此完全不兼容，互不干扰，只是通过某些类似"梦"这样的使者来激活。

我甚至觉得，"梦"就是你通往自己"另一个世界"的"黑洞"。

做梦的时候，你真实去到了那个世界，并与另一个自己相遇，以此提示自己，你们都是真实存在的，只不过醒来让你又回到了自己的世界而已。

那么，我们这一生，又是哪个世界的自己？又是谁的梦境？是美梦还是噩梦？

02

同样，我看电视的时候也十分困惑。电视剧里的主人公正在进行着他们人生的悲欢离合，那，我是谁？

电视剧里的人能看见我吗？能像我看他们那样看着我吗？如果能看见，他也会像我一样惊愕吗？也会思考他是谁我又是谁吗？

假设电视里的人真的存在，过着属于他们的人生，绝对不会知道还有另一个世界，就是我们这个"真实"的世界。他们只顾过好自己的生活，经历此生应该经历的一切即可。

那么，我们难道不是分别生活在不同维度里的平行世界吗？

再如，有个电视剧的主人公觉察到似乎还存在另一个世界，但他看不到任何有形的东西，仅仅是质疑就会让他惊恐不已。

于是，他在屏幕内突然转头、瞪大眼睛，看着屏幕外的你，问："你好，有人在吗？"的时候，你一定会被吓到！

因为他正在试图突破他的世界，进入到更高维度的我们这个世界。

若你看过影片《楚门的世界》，就能对我刚刚说的理解一些：

生活了多年的楚门，有一天发现这个世界居然是被操控的，还存在另一个世界。那里的人们看他的生活就像看电影一样，坐在椅子上或边哄孩子边做家务边欣赏他的人生，还有人为他的人生哭泣或大笑。——但，他对此一概不知。

《逃出克隆岛》同样展示了这一点，打破平行空间也许正是需要像林肯那样的胡思乱想之人。

我常想，如果牛顿和爱因斯坦们没有这般胡思乱想，世界也许是另一番景象。

希望你别被吓到，我正在向你如实汇报我脑海中的"胡思乱想"。我是相信的，但我不相信，是的，就这么悖论。

无论从心灵还是科学角度，至少我个人并未经历过什么诡异事件，但又深信不疑，又没任何证据。

于是有时，我只能像电视剧里那个主人公一样，站在旷野、贴着屏幕、瞪大眼睛、抬起头对一望无际的外太空呼喊："喂，有人吗？！"——每次我都会被自己吓身鸡皮疙瘩。

事实上，我买了几本关于平行宇宙的书籍，却又因心理学的大脑无法适应物理学的逻辑而作罢，我找不到信服的答案。

但，这一点都不能阻止我进一步胡思乱想。

03

如果你喜欢玩网络游戏，譬如《我的世界》，难道你没有丝毫怀疑过吗？你正在操控另一个自己以及那个世界本身？难道你不该问问自己这一生又是被哪个更高维度的生命操控吗？

至少目前，我们永远都无法揭开这个谜。

也许正因为我们在不同的时空维度，如同电视或游戏里的主人公看不到我们，但我们却能看到并操控他们，而且简单至极，只需要点点鼠标、换换频道。

谈到换频道、点鼠标，不正恰恰说明有无数个"另一个世界"吗？

这个世界（频道）中上演着各种家长里短，另一个世界（频道）上演着生死别离，别的世界（频道）演绎着灾难与战争——而它们和我们，都在同一空间发生着——就在现在。

而且，有的世界是唐朝，有的是古罗马时期，还有的是冰河年代——时间，不也被突破了吗？

如同电影《超体》的主人公激发了百分之百的潜意识，就可以穿梭在不同时空，瞬间就能从拉斯维加斯赌城去中世纪伦敦的街道，到两个互相厮杀的原始部落——简单得就像切换电视频道。

本人喜欢一切时空穿越的电影，能搜到的相关题材无一例外，典型的如《蝴蝶效应》《回到未来》《盗梦空间》《黑洞频率》《源代码》《超时空接触》《星际穿越》等。

在其中，我看见了人类无尽的想象力与创造力，非常欣慰，因为绝不只有我一个人如此思考，否则，我会更孤独。

事实上，现代科技早已颠覆了古人三观，实现了超时空接触，不知李白吟出那句"举杯邀明月，对影成三人"时，是否想到了千年之后，他的同胞真就登上了那轮明月。

04

同理，我是一名网络视频心理咨询师，每天都在与另一些人超时空接触。

很明显，我们不在一个空间维度，也许你在北京、深圳、乌鲁木齐或华盛顿，但无论如何，你不在我身边；同样也不在一个时间维度，新疆的你要比我早 2 个钟头，而纽约、麻省、多伦多、温哥华的你就更明显了，我们并不是在"同一天"见面的，这很诡异，会有很强的穿越感，却又是事实。

那，在我们见面时，真的是在"见面"吗？屏幕里的你真实存在吗？你看见的我是真实的吗？若是真的，那岂不有 4 个我们同时出现？手机上相遇的我们，还有现实不相遇的我们？哪个又是真实的？

再倘若，这时快递员推门进来，他觉得我是一个人喃喃自语呢还是认为我与另一个人在交流？

那，若突然停电，我们还活着吗？还是至少有 2 个人已经死去？

再进一步胡思乱想，谈到童年经历的时候，你是否变成了那个 7 岁的孩子？那这个 37 岁的你还存在吗？还是同时共存？

我"共情"到了那个孩子，"看到"他躲在父母背后偷偷哭泣的时候，我还在这里吗？还是回去了 30 年前，到了你所在的那个小山村。并看见了你年轻时候的父母，告诉他们："别吵、别吓着孩子"。

05

这样的思考是无止境的，直到脑袋生疼或者肚子饿了才发现，哦，我该睡一会儿了，该思考中午吃水饺呢还是米饭。

趁着现实感，我会和你说，别介意，刚刚那都是我瞎琢磨的，其实除了肚子饿，别的也没啥——我想，也许这样的聊天会更让人舒服。

是啊是啊，也许你会说，这一切思考是"吃饱撑的"，填不饱肚子、交不上房贷或孩子考试不及格，还有心思琢磨这些吗？

是的，你是对的，尽管听了以后我更孤独了，但还是同意温饱是思考的条件，但不同意是必要条件，否则我没法解释有人家财万贯却浑浑噩噩，有人一贫如洗却仰望星空。

鼓励你在吃饱饭的时候也来点"胡思乱想"。

这世界不是你想的样子，必须要知道，"思考"本身就是人生意义很关键的部分，且不管结局如何。

就算你不像我这样无休无止地深度叩问内心，至少要对这个世界有点与众不同的态度吧。

"人工捆绑"与"万物有灵"

01

这应该是多数人的胡思乱想。

我质疑一切看到的、听到的、触碰到的被"人工捆绑、制造的东西",深信自然存在的东西和人类一样,是有生命的。

本人有个嗜好:很多个夜里,喜欢拎上几罐啤酒,一边喝一边游荡在城市大街小巷,最好那时万家灯火已灭。

唯有深夜,才会让嘈杂的城市安静下来。

即便这样的安静不是真的安宁,你依旧会听到个别刺耳的鸣笛,以及无所不在的、若隐若现的、暗流涌动的杂音,它们似这钢铁森林睡觉时的鼾声,不绝于耳,令人焦躁。

特别怀念童年山村的夜晚。

说是夜晚,其实也就是晚饭后不久,整个村子连同延绵的山脉都万籁俱静,真的是"一根针掉在地上都听得清清楚楚"。

世界进入了深度睡眠,各类夏虫鸣叫宛如弥散的小夜曲,萤火虫的点点微光合着满天繁星,更加催人入睡。天空很近很近,近得生怕星星们会掉下来砸着脑袋。

一切都真真切切在跟前,甚至让你不忍心去思索什么人生的意义。

如今，萤火虫再也见不到。

我所在城市不远处有个景区叫"萤火虫谷"，我曾带着家人去过一次，本想借机会回忆童年，也让孩子见识一下真正的萤火虫。

没想到极度失望。

偌大的山谷到处都是塑料做成的"萤火虫模型"，一望无际，孩子们倒也开心，因为他们早已习惯了塑料，也从未见过真的萤火虫。

最后，导游带我们去了一个狭长的水上山洞，说要去看真的萤火虫，在昏暗潮湿的旧木船上方，罩着一大片细孔网，上面黑压压趴着一层虫子，没有任何亮光，导游告诉我们说"这就是萤火虫"。

见我惊愕不已，船夫拿着半截桨用力捅了捅那网子，好半天才飞起来几只活泼的萤烛，仅仅几秒，又懒洋洋回到了网子，继续趴在其他同伴身上……

我流泪了，女儿问我怎么了，我说，是河水打湿了眼睛。

02

是的，就是这感觉，在那些个夜晚，我之所以借酒精来观察万物，是因为那样会让我看得更清醒，因为我绝不相信广告牌和楼群。

很久之前的某个凌晨，我发现游荡的自己突然停了下来。

我顿时问自己，为什么要停下来？哦，原来是红灯亮了，可从整个十字路口的四个方向分别望到下个路口，除了我连个鬼影都没有，更别说车辆了。

那，我为何停下来？

我为何要为脑袋上这盏红灯负责？是谁？是谁让我这么做的？

悲从心来！那是一种莫名的哀伤，还夹杂着愤怒——我到底在听命于谁？我在为谁而活？

当整个世界空无一人的时候，又是谁在我们身边安插了不计其数的摄像头？在心里植入了无可剔除的红绿灯？究竟是谁，在捆绑自然的人性？

我记得，那天突然下起了雨，我魔怔地走到十字路口，缓缓躺下来，任凭雨滴打满全身。

那个凌晨，如同许多典型的电影桥段——大雨滂沱中，偌大城市马路正中央，躺着一个失意的人，他时而痛哭，时而大笑，那些路灯冷冷伫立周边，向他投来污染并讽刺的光。

想起影片《X 战警》天启那句话："愚昧的人类，世界本来就只有石头和土，是你们让它变成了今天的样子。"

03

工作室楼下的"莲池公园"曾是我的最爱，我亲切地称它为"冰千里的后花园"。（就是我观察蚂蚁的那个公园）

我每天都会围着那片人工野湖散步，有时为了放松，有时为了缓解压力，有时为了思考问题，无论春夏秋冬。

喜欢在那 21 棵丁香树下冥想静立，喜欢湖周围的海棠、玉兰和蔷薇们，我庆幸身边有那么好的地方，让人们歇脚纳凉舒缓心情，我还担任过义务执勤员，去维护那些草坪与小树。

然而，不久前公园被改造了，改造得十分漂亮却又面目全非！

之前那片湖虽说也是人工的，但至少还保留了一点野性，周边也还有些可探索的空阔之地。

如今倒好：

整个公园被五颜六色的塑料和水泥切割成了无数个"格子"，画蛇添足地用假山和木桥把那片湖也割裂成若干块，小树都被铁丝制作成新造型、塑胶跑道每隔 50 米就用白色颜料提醒一次……

更让我不能理解的，居然建造了一个犹如小宫殿般的豪华厕所，每天都有大爷大妈们坐在里面吹空调拉家常。还有无处不在的法律宣传栏和摄像头——这不再是一个令人放松的公园，而是一个苛刻的校园操场。

人们就像学生一样，按班级和高矮个分门别类排起长队，等候体育老师检阅。

总之，公园没了本来就不多的质朴与纯真，身在其中，徒添焦虑，对此，我只有无奈。

我对城市中一切人类加工的东西感到厌恶和疲倦。

我会尽量避开，却很难找到净土，唯有头上那轮明月没变，而月光照耀下的万物，大都充满了金属和塑料的味道。

就像多年前，我怀揣"白蛇与许仙"的爱情憧憬去雷峰塔，却被导游引导乘坐高档电梯到了塔顶，如同进了星级酒店。

当时我心情极其复杂，感觉有些东西正在丢失，丢失的不仅是西子湖畔那座石塔，还有心中的爱情。

所以我质疑，质疑一切本不该存在的东西。

有时我会凝视一块广告牌良久，我实在搞不懂它存在的意义，如同当今社会还存在诸如"电梯员"这样的职业——我很困惑他们存在的价值。

然而，大街上每块牌子都尽其所能向你招手："来吧，来消费我吧！"电梯员们则继续穿着整齐的制服，周而复始地替别人按键。

04

与此同时，我深信万物有灵，特别是自然之物。

我会抚摸一块石头、一株树干很久，透过它们冰冷潮湿的肌肤表面，感受其内在呼吸。

它们与我的掌心紧紧相连直达灵魂深处，并使用一种完全不同于人类的沟通方式交流着。我们分享看到的这个世界，分享经历的一切故事。

特别是古树，像走过几个世纪的慈祥老者，阅尽人间沧桑，看遍形形色色的模样。此刻，它依旧低头不语，我依偎在它粗糙的怀抱中，倍感踏实。

那一刻，我会想起被铁丝扭曲的小树苗们，无言凝噎。

我也喜欢石头。

工作室里大大小小形色各异的石头，都是从不同地方淘来的：有新疆的"祖母绿"、泰山的"镇宅石"、青云寺的"山岩石"，还有家乡的"鱼鳞石"，以及各种海边鹅卵石、溶洞钟乳石、各类不知名的石头……

其实，我做心理咨询的时候手并不闲着，有时把玩绿檀手串，更多时候则是抚摸书桌右下角那块我最爱的黄玉石，绿檀的清香和玉石的清凉让我心如止水，有助于体验另一个生命内在的离合悲欢。

我欣赏对这个世界、这个社会有点态度、有点感悟的人。更欣赏把自然植物、动物当作和人类一样有意识的人，他们内心是慈悲的，也是坚韧的，创造力由此产生。

例如，曾经有一位来访者给我写道：

老师，我越来越能感受到生命的鲜活灵动。春去秋来、日出日落，云卷云舒、花开花谢。一切的发生都那么自然而然，万物生灵都那么井然有序又那么变化无常，也许这就是自然的常态。

当我越来越清楚这是自然、这是生命的常态时，我时而感动（感恩、激动）时而平静（平和、宁静）。我可以纵情欢笑，也可以恣意哭泣，给予自己无限允许。当给予自己允许时，我心生喜悦，我似乎与天地万物融在了一起。

老师，我的内在当时当刻涌动着一种感动，眼泪似乎快溢出来。在飞驰的列车上，听着许巍的《蓝莲花》。一个无比轻盈又清晰的自己似乎有了一种穿越：

你是否 可以
为一阵花香
一片云朵
一袭潺潺水声
停一下脚步
或是
看一片残叶的凋落
一丛晚谢的什锦花
甚至一只落单的蚂蚁
寻找归途
你是否可以感受自然的赠予
接受 允许
一切如其所来 如其所是

05

好，亲爱的读者，以上四类就是我胡思乱想的一部分，简单分享完毕。

其实，我没法用文字表达全部内心，也还有很多不可思议的想法，我珍爱它们，是它们让我更灵动、更自由，也大大拓展了我的潜意识思想领地。

对"死亡、灵魂、平行宇宙、多维空间、渺小感、万物有灵"这类问题的思考，被我称为——"终极孤独感的思考"。

我以为，只有对终极孤独进行过思考的人，才会站到更广阔的维度，从而在思考个人活着的世俗意义时，才有背景可依。

总结一下我的思考结果：

第一，宇宙的存在并无意义；

第二，死亡本身也没有意义；

第三，人类终极宿命是虚空；

第四，存在的本质是孤独，无论有没有亲密关系；

第五，思索以上四点却是极有意义的。

故此，我得出结论：一个人活着的全部意义，就是在绝对无意义的背景下不断寻找个人独特的意义感，我称为"世俗的意义"。

否则，就会没目标、没价值，就会给生活带来巨大痛苦，极端情况下，甚至会选择结束生命。

接下来，我会简单聊一聊"世俗意义"——这也许才是"幸福""快乐""痛苦""纠结"等感受的具体来源。

"现实无意义感"的核心因素

01

北京大学心理学博士徐凯文曾在北大一年级的新生中做过一个调研，包括本科生和研究生。

调研显示：有 30.4% 的学生厌恶学习，或者认为学习没有意义，还有 40.4% 的学生认为人生没有意义。

这数字足可以触目惊心了！10 个大学生中就有 3 个孩子认为学习没有意义、有 4 个半孩子认为活着没有意义。

请注意这是高考战场上千军万马杀出来的赢家，还是中国顶级的学府。

徐凯文说道："焦虑症的发病率，20 世纪 80 年代，大概 1% ~ 2% 的样子，现在是 13%，我现在用的数据都是世界卫生组织发表在最高诊级医学刊物上，全国流行病院调查的数据。我做了 20 年精神科医生，我刚做精神科医生时，中国人精神障碍、抑郁症发病率是 0.05%，现在是 6%，12 年的时间增加了 120 倍。这是一个爆炸式的增长，我觉得这里面有非常荒唐的事情。"

于是，他提出了"空心病"的概念，他引用了几个自己来访者的话，下面只是其中两位。

一位高考状元在一次尝试自杀未遂后这样说道："我感觉自己在一个四分五裂的小岛上，不知道自己在干什么，要得到什么样的东西，时不时感觉到恐惧。19 年来，我从来没有为自己活过，也从来没有活过。"

另一个同学则说道："学习好、工作好是基本的要求，如果学习好，工作不够好，我就活不下去。但也不是说因为学习好，工作好了我就开心了，我不知道为什么要活着，我总是对自己不满足，总是想各方面做得更好，但是这样的人生似乎没有头。"

徐凯文说："这样的例子还有很多很多，他们共同的特点，就像他们告诉我的：我不知道我是谁，我不知道我到哪儿去了，我的自我在哪里，我觉得我从来没有来过这个世界。我过去 19 年、20 多年的日子都好像是为别人在活着，我不知道自己是要成为什么样的人。"

我十分认同徐凯文教授的观点，在我看来，所谓的"空心病"就是"无意义感"。

而且，无意义感绝不仅仅是大学生的特权，在物质高度发展的今天，"无意义感"也在折磨着越来越多的成年人。

02

前面通过我个人的胡思乱想，引出了一个结论：整个宇宙，生命存在是绝对无意义的。

但一个人活着，就必须给自己一个说法、一个活下去的理由，无关死亡、无关宇宙，否则就如同行尸走肉。这个说法、这个理由，就是这个人的"世俗意义"。

那些被意义感折磨的大学生，就是失去了或正在失去这种世俗意义，从而出现了各种不适甚至自杀的念头、行为。

心理学家荣格认为："生命缺失意义在神经症的产生中起着至关重要的作用。最终，神经症患者应该被看作一个受苦的、尚未发现自身意义的人……在我的病人中，大概有 1/3 不能被诊断为临床上所定义的神经症，而是在遭受生活无意义感和无目的感的折磨。"

有类似看法的心理学家还有很多。如维克多·弗兰克尔也称，在他遇到的神经症患者中，有 20% 是"空虚产生的"。萨尔瓦多·马蒂认为"存在性患者起源于对生命意义追寻中的全面失败……对任何正在从事或将从事的工作，都不相信有其重要性、用处和价值"。

本杰明·乌尔曼也说："神经症是无法在生活中找到意义，一种没有生活目的、没有值得奋斗的东西、没有可期望的事情的感觉，无法在生活中找到任何目标或方向；虽然人们努力工作，但却感觉不到有什么可以追求并为之奋斗的目标。"

所以，是时候给"世俗意义感"下个定义了，我认为最简单的理解就是活着的动力。

这个"动力"包含两层意思：第一，是活着的目标、理由、意图、功能、价值；第二，这些动力是完全自愿的，而非外在强加给个体的。

多数情况下，我们说一个人感到无意义是指——"我觉得现在干的事情不是我想要的，不是自愿的，而是迫不得已的！"

不自愿的程度有多高，意义感的缺失就有多大！

由于在"终极意义"上我们绝对说了不算，那么，在"世俗意义"上必须要越来越多地说了算，否则，就是无意义。

换句话说，究其一生，我们都是在拓展自己说了算的空间，尽可能让这个空间大一点、再大一点。

在我扛麻袋的时候，就在想"我的余生难道要扛一辈子麻袋、缠一辈子管子吗？这完全不是我要的生活！那么，我在干嘛？我的生活难道自己说了不算吗？"所以我砸碎铁门逃了出来。

毫不例外地说，一个人找不到任何世俗意义感，找不到任何说了算的空间，他必定死去。

尽管越来越多的人正在失去意义感，但并不是全部的，一定还有其他的意义。

就像徐凯文教授描述的北大学子，尽管失去了价值感和学习动力，但也一定有活下去的理由，如恋爱、兴趣爱好、赚钱、打游戏、抽烟喝酒赌博等，在那里他们说了算。

总之，世俗意义是一个人觉得生命是否值得度过的先决条件。

那么，一个找不到生命意义的人，是如何形成的呢？

03

排除当下阶段的刺激后，我认为有四方面因素导致了"无意义感"。

第一："终极孤独感"被激活。

例如，我们永远无法体验"死亡"；但时光流逝就是激活潜意识死亡的因素：身边之人的离世、传染病的蔓延、意外事故、自然灾害、宠物的死去、退休综合征、额头的皱纹与白发、父母的疾病、自己的衰老、孩子的长大都代表时光不再，潜意识认为这都是你离死亡越来越近的标志。

例如，我们永远无法看到"多维空间"；但战争、欺凌、贫富差距、职务高低、地位悬殊、权钱色的交易、任何不公正事件等，都在提示我们与他人好像是生活在不同的空间。

再如，我们永远不可能从宇宙角度看见自己的"绝对渺小"；但在身边的小小圈子（家庭、单位、朋友）里，你会频繁感受自己的"被忽视""被贬低"，频繁被提示你只是一个小跟班，你的存在不重要，你是被排挤的。此时，潜意识认为你就是极其渺小的。

在我看来，大多数世俗的痛苦，如创伤、贫穷、疾病、战争、失业、失恋、离异、丧失等，在潜意识最深处就是对终极孤独感的激活。

假设有办法解决，就会极大改善世俗无意义感，获得人生的价值和意义：

例如，逆转死亡的"永生"。

倘若你不会死亡或能活到 500 岁，当下的痛苦就会降低，因为你还有无限机会、无限可能可以扭转局面。

你可以和各种类型的人恋爱，你可以在地球上任何国家住个遍，可以体验各种职业，50 年律师、30 年医生、100 年作家等，你有花不完的时间来学习和进修。

当然，那时会有新的困惑，但我们给了自己无限机会，去弥补过失，去延长幸福。

事实上，很多人正在潜意识"逆转死亡"。

例如，坐过山车、极速赛车、极地滑雪、高空跳伞，甚至看恐怖片等。有人还会无意识让自己进入某种"濒死感"，以此逆转恐惧，实现安全，获得某种世俗的意义。

第二：先天特质。

例如，在家族有精神障碍史的条件下，或者母亲产前产后严重抑郁的条件下，孩子会有某种遗传倾向，好像那是他最初认知这个世界的模板，在其今后成长中，很容易受意义感的困扰。

第三：社会文化因素。

越是焦虑的、功利的、以结果为导向的社会文化，越容易造就人的无意义感。

"不问付出、只求回报""只看结果、不管过程""胜者为王败者为寇""没有最好只有更好""鼓足干劲勇争第一"……这些标语十分常见，甚至变成了一部分企业文化和校园文化、社会文化。

当社会弥漫着无形的"成功学"和"正能量"时，这个社会就是焦虑的，人们内心都有一根不断催促的鞭子，往前往前再往前。

慢慢地，人就会忘记自己本来的样子，真实的东西越来越少，苛求被外界看到会越来越明显。这必定产生大量无意义感、空虚感、孤独的个体。

我工作室楼下有三所学校，每当放学，我都会看到很多麻木的眼神，与这个年龄段本该有的朝气蓬勃形成了鲜明对比，他们的脸上流露的不仅仅是疲倦，还是焦躁与空虚。

因此，我强烈建议教育体制需要全面调研并逐步改革，需要社会和政府真切重视，而不是一阵风刮过。

学校有义务去看到孩子们内心的真实状况，并让他们越来越多地活出真实状态，而不仅仅只有考试成绩，真正的教育源于爱，而非分数。

徐凯文对于北大学生的调研足以说明这一点。

第四：早年养育环境。

作为我的职业，以及我主修的精神动力学流派，在咨询与写作中几乎都在阐述这个原因——早年的养育环境。其实前面也都在谈这个部分。

区别一个人是否具有"意义感"，我认为只需一条："是否有创造力地活着"。而这个"创造力"最最基本的前提是存在感。

一个人首先要觉得自己是存在着的，如温尼科特所言："存在感是生命运作的一个基础发源地"。

下面他的这句话，我更为认同：

"我们能表明一件事，在某些时候，某人的活动虽然显示出这个人是活着的，但这些活动仅仅是对刺激做出的反应。一个人的一生都可能会建立在对刺激做出反应的模式上。拿掉刺激，这个人就没有生命力了。"

"对刺激做出反应"——这话太绝了！几乎反映出一个无意义感的生命的所有面貌。

尼古拉斯·凯奇饰演的电影《天气预报员》就是这么一个典型的无意义之人：

他起床、刷牙、吃下两片面包、挤公交、上班、机械地预报天气、吃午餐、忍受领导批评、与同事麻木地交谈、抱怨、开着无聊的玩笑、下班、洗衣服、上床关灯睡觉、周末固定和孩子去公园、固定地做爱。

外在看起来他是那么正常，正常到规律和自律，生活、工作也都波澜不惊、彬彬有礼；但内在却空空如也。

现实中有人是否也是如此：工作日复一日，十年之后和今天也没啥区别，他们对此没有什么喜欢与不喜欢。每天接送孩子、按老师要求打卡，周一盼周末、周末也不开心，只能带孩子穿梭于补习班。偶尔吃点不一样的东西，拍拍照发发朋友圈。周围人有新鲜事就太好了，至少生活不那么乏味。

工作、生活、婚姻都如此。就这么一辈子过去了，没什么好，也没什么不好。——这就是典型的"对刺激做出反应式的活着"，像是某种条件反射，根本谈不上"有创造力地活着"。

必须澄清一个前提：以上只有建立在"停下来思考"的时候才会有感觉，否则连无意义感都不会有的。换句话说"他并没有意识到自己的生活状态是无意义的"。

这是一个内部的发生，否则就没法解释他们为何还活着，甚至他自己觉得活得很有意义。（关于这一点，下一节会具体谈到）

但是，我必须回到这第三个因素：早年被对待的态度很大程度决定了人生是否有意义。

其中最重要的就是：多大程度活在别人的期待中。

父母对孩子的"过度期待"形式多样化，表现在生活的方方面面。无论如何，孩子感受到的只有一点："我只有满足他们的期待，才是有意义的，与我本身的存在关系不大。"

例如，成绩好就是有意义的，因为我在他们眼中看见了对我的爱，这个爱的条件就是必须成绩好，类似条件还有很多：懂事、乖巧、礼貌、孝顺、自律、勤奋等。

那么，意义就建立在这样的条件反射里：

"我只有满足重要人士的期待，人生才值得度过"——这就解释了为何有人功成名就却极度抑郁甚至自杀的原因——因为这一切并不是他内心真实想要的，他只是在满足别人的期待——一个没有自己意义的人生怎么才能不去结束它呢？

温尼科特给出了答案："有创造力地活着，对于我来说，它的意思是一直都没有因为顺从或对入侵的世界做出反应而被杀死或湮灭；一直以新鲜的眼光看待所有事情。"

一切的过度期待都是入侵，孩子只有在不断入侵的世界中活下来，并鲜活地活下来，才能拥有自主的人生，才能具有真实的意义感。

有了自己说了算的人生越多，他就越容易建立意义感，而无论他是名校毕业还是普通学校毕业、无论他是千万富豪还是工薪阶层。

温尼科特对此说道："我们是活着的，我们是我们自己。"

第五节

建立自己的意义感

那么，如何在终极无意义的背景下寻找到世俗的意义感，从而让我们觉得人生值得度过？

事实上，我的这整本书都在试图告诉你，如何应对世俗孤独的痛苦，又如何享受心灵孤独的美好，这一切都是世俗的意义感。

为让读者更加明了，我再补充几个重要面向：

01
"无意义感"和"抑郁状态"的差别

在表现形式上两者很相似，"无意义感"的人往往都有抑郁气质：对事物都不感兴趣、行动力降低甚至无法工作，都有自杀的念头或行为，饮食睡眠都不同程度受损，心理动力都回归自身而不是外界……

但他们最大的区别有两点：

第一，"无意义感"的人更隐晦，人际交往和工作更会"伪装"，甚至看起来关系很亲密、工作也很有建树，只是这一切都无法给他带来真正的满足；而关系亲密、生活顺畅的却很少有抑郁状态。

第二，困扰无意义感的往往是更大的部分，如人生、人性、生命、人类、死亡等；困扰抑郁者的往往是身边事、亲密关系、工作、情绪等。

02
纠正：意义感不是寻找到的，而是内在赋予的

前面说过，"扛麻袋"没法赋予我意义所以烦恼，"大金牙们"给它赋予了意义所以充实。

同一件事，每个人赋予的意义是不同的。

这好理解：有人事业达到了顶峰但很苦恼，有人仅解决了温饱但很快乐——这就是对金钱赋予的意义差别；有人离婚很解脱，有人离婚很颓废——这就是对婚姻赋予意义的差别。

意义感是自己赋予自己的，无论在他人眼中多么没意义。

例如，从政之人认为升职、拥有更大权力就是最大的意义，对音乐家谱曲、作家写诗、农民种地则认为意义不大；同样地，音乐家、作家、农民也这么认为。

再如，有人把意义感建立在孩子那里：只要孩子出息了，自己活得就有意义了；有人却恰恰相反，认为自己有出息了才活得更有意义。有人将救助流浪猫、流浪狗作为生活的意义；有人将攒钱换房子、换车作为活着的动力……大多数人则兼而有之，只是总有一个意义感是排在首位的。

请注意，重点不是赋予意义感的具体内容，而是满意度。

这个"满意度""赋予度"才是决定你活着的动力和意义。

而影响这两个"度"的则是上面谈到的 4 种因素：社会背景、对终极意义的思索、早年养育环境的内化、家族遗传因素。

故此，我们得出结论：

充盈内心、自我完善、提升精神世界的追求、拓展潜意识领域——是一个人"意义感赋予能力"的决定因素——这个过程心理学称为"心灵成长"。

绕了一圈，我们仿佛又回到了原点。

03
找到对抗"终极孤独感"的方式越多，就越不容易陷入"世俗意义危机"

例如，"死亡"可能对应"永不可控"和"永不确定"；那么，"掌控感""确定感"越高，就越能抵消无意义感。

因此，你要提升自我把控力，记住，是内在把控力。例如对愤怒、委屈、悲伤等情绪感受的把控力越高，相应地，对人际关系、亲密关系、物质条件等外界的把控力也会提升，就更有意义。

例如，"平行宇宙"和"多维空间"可能对应某种"丰富多彩""无限可能"的生活姿态；那么，活得越"精彩"、越"丰富"，就越有意义。

现实点说，你可以在有限的人生内去体验不同的生活状态。

我有个朋友就是如此：

他每投入一段感情都全力以赴、激情四射，分手后也会用同样的姿态迎接下一段恋情。工作也是，喜欢画画就拜名师搞画展，迷上赛车就参加各种训练和比赛，喜欢旅行就周游世界、边赚钱边体验。

很多人并不这么精彩，但都在有意无意进行着，给乏味枯燥的生活撒点盐。假期旅游、兴趣爱好就是如此。

事实上，无论生活多么受限，人们总会尽量过得不那么一潭死水，这似乎是人类的本能。

我之所以喜欢我的职业，重要因素就是我能体验很多人的人生，且都是那么独一无二，绝不重复，这就是象征层面的"多维空间"。

例如，"渺小"对应"伟大"，即便做不到伟大，至少可以做到在关系里活得不那么渺小。例如，你对关系里的位置越清晰、对关系的主动权越高，你就越不会感到自己的渺小。

再如，"万物有灵"对应"亲近万物"，那就更容易实现了。

只需要养养花花草草猫猫狗狗金鱼小鸟，体验另一些物种的与众不同，体验整个养育过程，体验与它们的互动、投射与反转即可。

或者去更大的空间，森林、湖泊、大海、雪山，与大自然各种亲密接触，甚至在那里生活和工作。

若没钱，可以去到故乡那座野山、那片野湖，或去到楼下小公园……

只要你是有心人，就能发现万物有灵，就能看到身边的小美好，就真能听到"花开的声音"。

04
"欲望"的逐级满足

当深度思考过"终极孤独"之后，需迈过的两个坎就是"假性无欲无求"和"彻底沉沦"。

事实上，它们是一回事儿，后者倒更真实一些。

很多看破红尘者并非真的参透，只是遁入空门，这个"遁"不是真的"顿悟"，而是"逃入"，以此隔绝自身的无意义感。

这样的人有很多，甚至包括部分信徒、僧侣、居士。他们只是瞥了一眼"终极孤独"或在现实遭遇了一个打击，就受不了了，就认为众生皆苦，认为人生不值得，就选择了逃离，还美其名曰"修行"。

这一切我统统称为"假性无欲无求"。

"彻底沉沦"就更好理解了，拿我举例子：

如果我胡思乱想后，就破罐子破摔：反正终究一死何不得过且过，反正这一切都会消失——若如此，我就会躺在床上等待命运安排、等待死亡来临——这就是"彻底沉沦"。

有人也许不那么彻底，却是无斗志、无主见、无追求的"三无产品"，这也是沉沦的表现，只是程度的差异。

相反，我的观点是：无欲无求的前提恰恰是要去满足欲望，同时配合心灵成长，才能做到顺其自然的平静。

因此，我的态度异常鲜明：深刻理解终极无意义感后，你更需要去追逐欲望、实现欲望、燃烧欲望之火！

如同我本人朋友圈的个性签名"燃烧，是为了平静"。

但也不要蛮干，应对策略就是"欲望的逐级满足"。

先要活下来、在现实中活得有模有样，再追求下一级，马斯洛的需求理论可作为指导。

若贫穷，就去赚钱，然后买房买车买好吃的；

想升官就遵循官场那套规则，然后拥有更多权力；

想出名，就去传播你的思想、拓展你的流量、发展你的"粉丝"；

……

总之，先让自己过上普通人都能过上的日子。

与此同时，追求精神满足，这一点都不冲突，而是相辅相成。

精神满足就要多读书学习，进行培训成长探索，这都需要银子，这是最基本的世俗法则。不可否认一贫如洗也能仰望星空，但有钱不是可以买个高倍望远镜嘛，那样的星空，看得更清晰。

我想我说明白了，为了更透彻，我给意义感总结了一个"公式"：

（追求欲望 + 精神食粮 + 创造力）* 自主性 = 世俗意义感

其中，自主性必须要用乘法，因为首先得是你自愿的而非被迫的，同时，意义感就在于完成这个公式的"每一个过程之中"。

再多说句：对终极意义思考得越透彻，实现欲望的能力就越强。换句话说，你的生命在于追求突破终极意义上，那赚钱就是小菜一碟。

至于更高级别的精神满足，我只说两个部分：爱与理想。如果说人世间还有什么可以抵御终极孤独、无意义感，就一定是"爱与理想"。

05
关于"爱"

在前面的"爱恋孤独"中我有详细描述，在此再强调几点。

第一：恋人之爱。

- 在两个彼此深爱的人那里，一切都是有意义的。
- 这感受超越了心理范畴，直抵灵魂最深处，这是宇宙最伟大的发明。
- 我鼓励你去爱，并为爱献身。

第二：亲情、友情、团体之爱。

人类这个物种活到今天很重要的因素是家族的连接。

"家"是一种感觉、一种味道、一种归宿。

与家庭成员之间深度连接又彼此独立是一种理想状态，孤独感与此息息相关，我不认为能享受亲情之爱的人会活得多空虚。

友情亦如此。所有心理治疗的内容里，"你有谈得来的朋友吗"是判断这个人社会功能的主要因素，也是判断他是否拥有"有效资源"的重要前提。

如果有一帮"气味相投的狐朋狗友"，人的意义感就会增强。

说到此，我必须插入一个观点：团体的意义。

一个志同道合的团体是可遇不可求的，会极大降低个体的孤独感，抱团取暖是人类集体活下去的意义。这也是为何"团体心理治疗"有效的根源。

例如，我本人发起了一个"朋辈案例督导小组"，我们九个人都是心理咨询师，每个周四的上午都会见面，至今已经210周了，我们在其中获得了互相扶持、陪伴的滋养。

- 越是"同质化团体"越有效，如单亲团体、独身团体、艾滋病团体、癌症患者团体、青少年团体、匿名戒酒协会等，因为相似的无意义感、孤独感被分担了。
- 团体成员之间功利性越小，对个体越有意义，如同学、战友。共同经历的挫折越多感情越深，例如一同上过前线的战友、一同待过多年的狱友、一同待过数日的病友。
- 团体还具有某种隐藏功能。几千人、几万人、几亿人一起行动，个人就被隐藏了，十分安全。

团体的意义高于任何个人意义，牺牲个人满足团体就理所当然了，有时还会成为个人活着的唯一意义。

因此，有为了祖国、党派、民族献身，也就不足为奇了。这样的团体比比皆是，如国家、军队、宗教、党派、学校、公司、家族。

相对应的另一个角度却是，对团体意义越认同的个体，潜意识就越孤独，因为他失去了自我，但意识上却是充实的，因为他有了信仰。

第三：大爱。

对同胞、对其他生命心怀悲悯是有意义的，这是一种大爱，通过帮助他人来获得自身价值感。

很多人有钱有权力了，往往不再满足自己那点欲望，而是影响并帮助更多的人，各种公益、慈善、为家乡修桥修路建学校都是如此。

从这个层面而言，一切公开的艺术家都是具有大爱之人，他们用音乐、绘画、文字、雕塑来影响更多人的精神世界。

心理学家、作家当然也是如此——这是我喜欢自己职业的另一个因素。

对精神世界的影响高于对物质世界的影响，一个能够影响他人精神世界的人，活得是最有意义的。

有位同行告诉我："我觉得活得很有意义，很有价值。因为我每帮到一个人，都在帮助他的家庭，甚至家族，甚至子孙后代，他们因我而改变了精神面貌和亲密关系。"对此，我特别认同，且有共鸣。

关于以上三种爱，还有个关键：你要去"深度纠缠"，不要"浅尝辄止"。尽管前者伴随诸多痛苦，但越深入才越有收获、越有意义！

06
关于"理想"

一个值得奋斗终身的"理想"必须要满足三点：

第一，是你心心念念的真实欲望；

第二，对他人有爱；

第三，在其中你得到了极大满足感、价值感、成就感。

- 人生不同阶段，理想是不断变化的

例如我自己：

小时候想成为一名演员，整天召集小伙伴角色扮演，乐在其中；

少年时代的理想是让作文出现在报纸杂志上；

青年时代的理想是赚更多的钱；

如今，我的理想是通过心理学与写作影响更多的家庭、更多的个人。

还不知道自己老年的理想是什么，但在每个阶段我都会献身其中、为之奋斗，让理想化作现实，走过的每一步都被我感知为"深深值得"。

是的，重点不是每个阶段的理想内容是什么？有什么不同？重点是你"献身其中"，是"克服一个又一个阻碍你实现理想的困境"——这个过程本身就是意义所在。

- 理想必须具有创造性

欧文·亚隆先生说道：

"创造全新的东西——某种从未出现过的、美丽的、和谐的东西，可以有效地消解无意义感。创造本身提供了自身的合理性，没有必要再去问为了什么，创造就是存在本身的理由。创造是正确的，将自身投入创造中是正确的。"

我为自己当下的理想而满意：

我遇见的每个生命都是如此独特而神秘，我不知道明天谁会出现在我生命里与我深度纠缠。我也不知道下一篇文字会抵达哪里、谁会读到——这一切都是那么新奇、特别、热烈、激荡、平静——我得到了某种巨大的美丽、一种创造新事物的烂漫！

同理，创造力绝不仅仅来自像我这样的心理从业者和写作者，也不仅限于任何艺术家、哲学家，而是来自每个人内心深处。

每个人都是自己的创造大师——用一颗富有创造的心去教学、烹饪、游戏、学习、做家务、陪孩子、整理文件吧！

- 理想最终是自我实现、自我超越

马斯洛认为，人有着趋向成长和人格整合的倾向，满足基础需要后，就会转向更高需要。

因此，满足了安全感、爱、归属、自我认同和自尊的需要后，就会转向自我实现的需要，包括知识、洞见、智慧与和谐、整体、冥想、美、创造力、一致性等。

马斯洛认为"人活着是为了实现自身的潜能，走向平静、仁慈、勇敢、诚实、爱、无私和善良"。

"自我实现"作为理想的高阶追求，只有少数人得以实现。他认为："自我实现的人有坚实的自我感，关心他人而不是把他人作为自我表达或者填补自身空虚的手段。"

而"自我超越"就更难了。

心理学家弗兰克尔认为每个人独特的生命意义分为三种：

第一，在个体的创造中，个体完成了什么或者给世界贡献了什么。

第二，个体在人际经验与个人经历中获得了什么。

第三，个人面对痛苦，面对不可改变命运的姿态。

我认为，"自我超越"的本质是为了"度化众生"，为了超越生命本身，进入"终极意义感"领地，并有所建树。达尔文、牛顿、爱因斯坦、弗洛伊德就是这类人的代表，这就是人生终极无意义背景下的世俗意义。

后记

关于孤独，有着越来越多的赞美声。因为享受孤独不受关系牵绊，可以无打扰地思考，产生更多创造性。

我并没有大肆赞美孤独，而是领你去到黏稠的关系中，去看清孤独的来源，否则，多数孤独都是"逃离"，如同恐惧爱情的和尚躲进了寺庙。

心有挂碍，自然逃不得；心无牵绊，就算身在俗世，心里自然有一份清静的、超脱的孤独。

享受这份孤独感，必然要直面关系里的孤独感，疗愈心灵的孤独感，叩问终极的孤独感。

另外，还有一种孤独，我们每时每刻都在经历着，却极少思考，因为它是如此普通，如此理所当然，这就是"人本身的孤独"。

——你，也唯有你，正在孤独着。无论你在做什么，也无论现在、过去、将来。

如同你在读我这本书，产生的思考与领悟，激发的情绪与感受，只有你、唯有你有此感悟，任何人都不能与你同时、共同、拥有。

假如读这本书的时候，你正在吃一个苹果。

牙齿咀嚼果肉的脆生感、味蕾尝到的酸甜感、咽下去的清凉感，以及再次将苹果送到嘴边的下意识动作，窗外的风吹到了眼睛，于是，你眨了一下眼——这一切，只有你、唯有你，独自经历，绝不存在任何一种生命共有此刻！

所以，当你的孩子发高烧，当你的爱人牙疼，当你的母亲正在手术，你除了心疼与照料，根本替不了！他们的难受唯有他们独自承受，而你的心疼也必然独自承受。

这，就是全部的事实。

这就是人唯一的、独自的、普遍的孤独，这就是"人本身的孤独"。本身的孤独贯穿生命的每时每刻、每分每秒。

怀孕的母亲与腹中胎儿也只能做到一小部分"共同经历"，没有任何研究证明母婴之间正在拥有完全一模一样的体验。而这已经是生命与生命最最靠近的时刻！

也许偶尔双胞胎之间会有某种神秘的心电感应，也许恋人之间会有不需要言语的默契，也许心理咨询师倾尽全力对来访者共情，也许某个人遇见了灵魂伴侣——这些看似深刻的体验，都无法同母亲与胎儿相提并论，更谈不上完全经历着彼此的感受。

亲爱的读者，你、我、他，我们都是从始至终孤独的人，恰如你与一棵银杏树，永远都是两个孤独体。

但我们却渴望与另一个生命在灵魂深处交集，渴望与这个人有类似体验。

啊！即便有瞬间交融，便是高山流水遇知音！

此生，倘若还有一个生命与你有刹那神交，便是罕见的"在一起"，可以极大地滋润灵魂、抚慰孤独。

与此同时，我们又害怕被另一个人完全经历，假如有人可以读取我脑海的一切，那么，我又是谁？犹如灵魂暴晒在烈日下，一览无余，让人恐怖。

世上没有完全相同的指纹、树叶，更不可能有完全相同的孤独，而这才是生命最美的华章，是万千唯一的你。

有了绝一的孤独，你，才是你。

生活中，我们要的那种"懂得""理解""遇见"，绝不是以上的融交，反倒是一种"有点距离的允许和看见"。

允许你有任何孤独感受，看见你正在经历着牙疼、手术、抑郁症，他没有侵入，没有跑掉，而是在你独自经历孤独那一刻，在你身边，心疼着你，抱紧你，这就是"爱"。

爱真可以缓解疼痛，就算你们经历着完全不同的心流，但依然在某个时空频道中擦出了爱的火花。

我之所以在"后记"中补上这种本身的孤独感，是要你珍爱自己的每一寸肌肤、每一缕情绪、每一个行为、每一丝感受，因为它——只属于你。

这部作品，若能让你产生某些共鸣，就是上面提及的"遇见"，借由文字，未曾谋面的你我，在心灵层面有了片刻交集，孤独借由此吸收了养分。

冰千里

走进正念书系

STEP INTO MINDFULNESS

2023 年重磅上市！

国内罕见的正念入门级书系
简单、易懂、可操作
有效解决职场、护理、成长中的常见压力与情绪难题

从 0—1，
正念比你想得更简单

ISBN：978-7-5169-2430-3
定价：55.00 元

在生命的艰难时光中，
关爱与陪伴

ISBN：978-7-5169-2429-7
定价：55.00 元

待出版

职场正念

享有职场卓越绩效、
非凡领导力和幸福感

正念工作

唤醒强大的生产力、
创造力和幸福感

青年人的正念

以好奇、开放的心态
探索正念和冥想

扫码购书

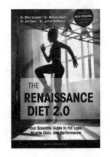